物联网应用与发展研究

杨众杰 著

U0271228

中国纺织出版社

图书在版编目（CIP）数据

物联网应用与发展研究 / 杨众杰著 . --
北京：中国纺织出版社，2018.2（2022.1 重印）
ISBN 978-7-5180-3861-9

Ⅰ.①物… Ⅱ.①杨… Ⅲ.①互联网络—应用—研究
②智能技术—应用—研究 Ⅳ.① TP393.4 ② TP18

中国版本图书馆 CIP 数据核字 (2017) 第 178036 号

责任编辑：汤　浩　　　　　　　　　　　　责任印制：储志伟

中国纺织出版社出版发行
地　　　址：北京市朝阳区百子湾东里 A407 号楼　　　邮政编码：100124
销售电话：010-67004422　传真：010-87155801
http://www.c-textilep.com
E-mail: faxing@c-textilep.com
中国纺织出版社天猫旗舰店
官方微博 http://weibo.com/2119887771
北京虎彩文化传播有限公司　　各地新华书店经销
2022 年 1 月第 1 版第 13 次印刷
开　　本：787 × 1092　1/16　印张：14.125
字　　数：203 千字　　定价：64.00 元

凡购买本书，如有缺页、倒页、脱页，由本社图书营销中心调换

作 者 简 介

　　杨众杰，男，陕西西安人，出生于1973年10月，1996年7月毕业于西安电子科技大学通讯工程专业，现任北京摩拜科技有限公司副总裁，中国电子学会高级会员，国际产学研物联网联盟专家会员。长期从事物联网以及移动通讯技术的应用和研究，研发出全球首个智能共享单车锁，创建了智能共享单车模式，并且结合多模卫星定位技术、差分定位技术，首创了基于eMTC以及NB-IOT技术的智能锁。曾获得专业领域设计发明专利1项，实用新型专利7项。

preface

信息产业经过多年的高速发展，经历了计算机、互联网与移动通信网两次浪潮，2000 年后开始步入疲软阶段。整个行业的下一桶金在哪里？在此背景下，物联网、智慧地球概念的提出立即得到全球的热捧，其最大的动因就在于政府、企业各方都从中远望到下桶金的影子。物联网被称为世界信息产业第三次浪潮，代表了下一代信息发展技术，被世界各国当作应对国际金融危机、振兴经济的重点技术领域。实际上，物联网概念起源于比尔·盖茨 1995 年《未来之路》一书，只是当时受限于无线网络、硬件及传感设备的发展，并未引起重视。随着技术不断进步，互联网、通信网发展到了较高的层次，国际电信联盟于 2005 年正式提出物联网概念，发布了《ITU2005 互联网报告：物联网》，指出"永远在线"的通信及其中的一些新技术：如 RFID、智能计算带来的网络化的世界、设备互联，从轮胎到牙刷，每个物体可能很快被纳入通信领域，从今天的互联网到未来的物联网预示着一个新时代的来临。但物联网的发展依然没有得到广泛关注。直到 2009 年 1 月 28 日，在美国工商业领袖举行的"圆桌会议"上，IBM 首席执行官彭明盛首次提出"智慧地球"概念，希望通过加大对宽带网络等新兴技术的投入，振兴美国经济并确立美国的未来竞争优势。

在获得时任美国总统奥巴马的积极回应后，这一计划随后上升为美国的国家战略，物联网才引起广泛关注。物联网历经了 10 多年不被关注，直至 2016 年得到欧洲联盟、日本、韩国等发达国家和地区的高度关注，并迅速上升为国家和地区发展战略，其背后有着深刻的国际背景和长远的战略意图。从这个过程来看，物联网的提出，既有人类对物品信息网络化的需求，也有当前技术发展的推动，如传感技术、身份识别技术、通信技术、网络技术、海量数据分析技术等，但最终还是振兴经济这个大旗使物联网得到广泛追捧。

邓中翰院士认为：物联网只是把过去很多区域化的专门应用的网络和互联网再进一步渗透、连接起来，是很多新一代增值服务在更广泛的网络平台上的集合。不应将物联网仅当作一个技术热点来看，因为物联网不是一个独立的网络，它是对现在的互联网进一步发展、泛在的一种形式。从技术手段上来说，它将传感器、传感器网络及 RFID（射频识别）等感知技术、通信网与互联网技术、智能运算技术等融为一体，实现全面感知、可靠传送、智能处理，是连接物理世界的网络，"智能化""高清"等将成为物联网的关键词。出现物联网没有统一定义这种局面的原因是物联网还处于初级的概念阶段和探索阶段，还没有具有说服力的完整的大规模的应用。互联网是先发展起来，后有互联网这个名词术语；而物联网是先提出名词概念，希望通过这个名词概念来推动实际网络的发展。

不管物联网如何具体定义，其物联网概念在当前是具有积极作用和意义的。物联网概念被提出后，迅速得到股民和政府的大力推动。实际上，在物联网得到热捧之前，很多类似物联网的应用已经在各个行业和领域利用当前的技术和网络各自开始发展了，如智能家居、智能交通、智能电网、工业监控等。但这些应用的称呼术语都是基于各个独立领域的行业术语，这些术语既显得专业化，其可懂度、交流性不高，难于得到大众的认可和推广，又缺乏统领性，难以形成聚集效应和规模。当各个行业的应用发展到一定程度，各个行业的智能最终汇聚成整个城市甚至整个地球的智能，因此有人提出智慧地球这个具有统领作用的大术语。这个术语得到认可后，借助已经深入人心的互联网术语，物联网也得到广泛认可。通过物联网这个术语，把各个行业术语统一起来，使其交流性得到极大提高，能够产生很好的集群效应。这类似在出现"水果"这个术语前，已经有"苹果""梨子""香蕉"等术语，但这些还不能发展成一个具有规模的行业，后来提出"水果"这个术语，将各种水果统一起来，人们的交流就更容易，更便于把水果作为一个行业来发展，推动水果的种植、运输、销售等各个重要环节的发展。因此，物联网的重要意义在于提出了一个统一的概念和术语，是一个为了能激发大家的热情和动力的术语，是一个为了便于交流的术语，是一个大家都能听得懂的可统一其他各种专业称呼的公众术语。中国移动王建宙在上海世博会首场主题论坛说:"提出了物联网的概念以后,相关的传感器、RFID 都得到了快速的发展",就是很好的例证。不管物联网如何定义,但其本质是让地球上的物品能说话,让人们能通过网络智能地听见物品说话、看见物品的行为,同时又能让物品智能地听话,智能地动作,达到让物质世界与人智能对话的目的。

从技术体系架构上看,每一层都有针对物联网的关键技术需要解决。从感知层的基础传感器到应用层的海量数据整合与挖掘,以及对整个架构进行支撑的安全问题、标准问题都存在有待解决的关键技术问题。主要涉及信息感知与处理、短距离无线通信、广域网通信系统、云计算、数据融合与挖掘、安全、标准、新型网络模型、如何降低成本等技术。

要让物品说话,人要听懂物品的话,看懂物品的动作,传感器是关键。传感器有三个关键问题:一是物品的种类繁多,各种各样,千差万别,物联网末端的传感器也就种类繁多,不像电话网、互联网的末端是针对人的,种类可以比较单一;二是物品的数量巨大,远远大于地球上人的数量,其统一编址的数量巨大,IPV4 针对人的应用都已经地址枯竭,IPV6 地址众多,但它是针对人用终端设计的,对物联网终端,其复杂度、成本、功耗都是有待解决的问题;三是成本问题,互联网终端针对人的应用,成本可在千元级,物联网终端由于数量巨大,其成本、功耗等都有更加苛刻的要求。

短距离无线通信也是感知层中非常重要的一个环节,由于感知信息的种类繁多,各类信息的传输对所需通信宽带、通信距离、无线频段、功耗要求、成本敏感度等都存在很大的差别,因此在无线局域网方面与以往针对人的应用存在巨大不同,如何适应这些要求也是物联网的关键技术之一。

现有的广域网通信系统也主要是针对人的应用模型来设计的,在物联网中,其信息特征不同,对网络的模型要求也不同,物联网中的广域网通信系统如何改进、如何演变是需要在物联网的发展中逐步探索和研究的。现有网络主要还是信息通道的作用,对信息本身的分析处理并不多,目前各种专业应用系统的后台数据处理也是比较单一的。物联网中的信息种类、数量都成倍增加,其需要分析的数据量成级数增加,同时还涉及多个系统之间各种信息数据的融合问题,如何从海量数据中挖掘隐藏信息等问题,这都给数据计算带来了巨大挑战。云计算是当前能够看到的一个解决方法之一。

与现有信息网络的安全问题不同，它不仅包含信息的保密安全，同时还新增了信息真伪鉴别方面的安全。互联网中的信息安全主要是信息保密安全，信息本身的真伪主要是依靠信息接收者——人来鉴别，但在物联网环境和应用中，信息接收者、分析者都是设备本身，其信息源的真伪就显得更加突出和重要。并且信息保密安全的重要性比互联网的信息安全更重要。如果安全性不高，一是用户不敢使用物联网，物联网的推广难；二是整个物质世界容易处于极其混乱的状态，其后果不堪设想。不管哪种网络技术，标准是关键，物联网涉及的环节更多，终端种类更多，其标准也更多。必须有标准，才能使各个环节的技术互通，才能融入更多的技术，才能把这个产业做大。在国家层面，标准更是保护国家利益和信息安全的最佳手段。

成本问题，表面上不是技术问题，但实际上成本最终是由技术决定的，是更复杂的技术问题。相同的应用，用不同的技术手段，不同的技术方案，成本千差万别。早期的一些物联网应用，起初想象都很美好，但实际市场推广却不够理想，其中很重要的原因就是受成本的限制。因此，如何降低物联网各个网元和环节的成本至关重要，甚至是决定物联网推广速度的关键，应该作为最重要的关键技术来对待和研究。

物联网满足人类对物质世界实现网络化、信息化、智能化沟通的需求，又得到了全球各界人士的热捧，其机遇不言而喻。从经济角度，据美国研究机构 Forrester 预测，物联网所带来的产业价值要比互联网大 30 倍，物联网将会形成下一个万亿元级别的通信业务。工信部副部长奚国华此前也曾公开表示，发展物联网对调整经济结构、转变经济增长方式具有积极意义，因为物联网自身就能够打造一个巨大的产业链，新的产业促进新的商机，促进新的商业模式。从技术角度，由于应用场景、应用模型、应用需求的变化，对技术发展也会带来新的机遇。机遇的普遍规律是机遇与挑战并存。物联网机遇是大家的、共有的，是全球性的，而挑战更多是对我们自己而言的，当前主要有来自核心技术、安全、商业模式三个方面的挑战。核心技术：中国的信息产业目前非常缺乏核心专利，半导体专利国外企业占 85%，电子元器件、专用设备、仪器和器材专利国外企业占 70%，无线电传输国外企业所占比例高达93%，移动通信和传输设备国外企业也占到了91%和89%。目前国内很多物联网应用涉及的芯片、传感器、核心软件都是国外的产品，还多是处于应用集成的初级阶段。这从信息安全和经济利益上都是巨大的挑战。安全问题：物联网所涉及的都是核心软硬件领域（如操作系统、数据库、中间件软件、嵌入式软件、集成电路等），如果通过物联网网络覆盖医疗、交通、电力、银行等关系国计民生的重要领域，以现有的信息安全防护体系，难以保证敏感信息不外泄。一旦遭遇某些信息风险，更可能造成灾难性后果，小到一台计算机、一台发电机，大到一个行业甚至本国经济都会被别人控制。商业模式问题：任何产业的发展，最终还是需要用户愿意买单才能得到持续的发展和真正意义上的壮大。除了政策和技术层面的支持外，最重要的就是有能够持续盈利的商业模式，否则，物联网产业就只能停留在概念、实验室阶段，难于走向真正的产业应用。总之，物联网虽然是公认的第三次信息产业浪潮，是很好的历史机遇，但我们也要清醒地认识到这不仅仅是我们的机遇，它更是IBM与美国所希望的机遇，甚至说更是他们在主动创造这个机遇。因此如何把他们期望的机遇变成我们的机遇，是值得我们认真思考的战略问题，需要政府、企业、专家协同作战，明确定位，分工协作，政府抓标准，专家攻核心技术，企业做应用研究，摸索大规模应用经验和商业模式。绝不能大家都只做有政绩的应用平台，否则那就真变成美国的机遇了。

在物联网战役中，高校应该发挥应有的作用，在物联网人才培养、相关基础研究、共性关键技术研发、产学研合作应用起到支撑作用。高校作为知识的创造者，应充分发挥专家的作用，静心攻克各个环节的核心技术。物联网是个系统工程，涉及的领域和环节众多，所以未来物联网发展涉及社会生活的各个领域，整个世界将成为一个巨大的网络，物联网的安全性将直接影响我们的生活，我们要在发展物联网的同时做好网络规划、基础建设、安全策略各方面的建设，使物联网安全平稳地持续发挥它积极的作用。

编者

2017年1月

contents

第一章 绪 论

第一节 制造业概述

制造业是国民经济中一个重要的物质生产部门，是对一切生产或装配制成品的工厂、公司以及工业部门的总称。一般分为耐用品制造业和非耐用品制造业两大类。在中国香港，工业一般被称为制造业，指除建造业、矿业和水电等行业以外的一切加工制造行业，包括制衣、电子、纺织、钟表、塑胶、玩具、首饰、金属制品、家用电器、印刷等40多个行业。

香港开埠初期，制造业就伴随着香港作为一个转口贸易港而衍生，最先产生的是修造船业和食品加工业。19世纪70年代以后，陆续兴办制缆、制糖、印刷和水泥等工厂。20世纪初期，小五金和小电器等行业获得发展。1934年香港加入英联邦特惠税协定，以及中国内地一些工厂因避战乱迁来香港，刺激了制造业的快速发展，修造船、纺织、电筒和胶鞋等行业初具规模，但制造业整体上仍然从属于转口贸易。在日军侵港前夕的1941年，香港有工厂1250家，雇工9万人左右。1941年至1945年日军占领时期，摧毁了战前建立起来的大部分制造业。20世纪40年代末，中国内地大量的资本、技术设备及劳工流入香港，使制造业迅速恢复到战前的规模。50年代初期，由于朝鲜战争和对华禁运，使得香港的转口贸易一落千丈，迫使香港重点发展制造业，从此进入工业化时期。

由于适逢西方主要工业国家调整工业结构，着重发展技术密集型和资本密集型的工业，这就为劳工成本较低的香港劳动密集型产品提供了广阔市场，从而使香港工业化进展相当顺利。到20世纪70年代初，香港基本上完成工业化，制造业产值在本地生产总值中的比重高达30.9%，工厂达16500多家，雇员达54.9万人，成为香港最大的产业部门。从70年代开始，虽然制造业仍继续不断增长，但其在本地生产总值中所占比重逐渐下降，进入工业多元化时期。80年代，受本地生产成本急剧上升和海外市场竞争加剧的影响，香港制造业中劳动密集型工序大规模迁往中国内地及东南亚，导致制造业相对萎缩；但留港的制造业则加快了技术升级和工业转型，以加强港产品在国际市场上的竞争能力。产值由1981年的1366.28亿元增至1991年的3242.25亿元，平均年递增率为9%；同期内，增值额由360.49亿元增至926.93亿元，平均年递增率为9.9%。1993年，香港共有工厂39238家，雇工人数为50.81万人；港制产品的出口总值达2230.27亿元，比1992年的2341.23亿元略有下降。

1993年，制衣业雇用工人166401名，占制造业雇员总数的3%；成衣货品出口值718.5亿元，占港产品出口总额的32%(包括电子钟表及电子玩具)。无论在雇员人数及出口值方面都占第二位。1993年电子业雇用工人53591名，占制造业雇员总数的0.97%；出口值573.3亿元，占港产品出口总额的25.7%。其雇员人数和出口值在制造业中的比重1993年分别为9%和7.3%；钟表业是香港第四大工业，1993年钟表出口占港产品出口总值的5.9%。

制造业具有以下四个显著特点：

(1)以轻纺工业为主。香港的矿产资源十分贫乏，土地资源也相当短缺，致使重型工业或土地密集型工业难以发展，绝大多数行业都属轻纺工业。

(2)以出口加工为主。但作为一个全面开放的自由港，货物进出自由，外汇不受管制，税率低，交通便利，港口及仓库设施先进，因而发展出口加工业有着优越的条件。通过为海外客户订货生产赚取附加值，80%为出口货品，其中成衣10种产品出口曾居世界第一位。1993年，中国内地超过美国成为香港最大的出口市场，输往中国内地的产品占港产品出口总额的28%，而美国则占27%，居第三位的德国占6.3%。

(3)以劳动密集的小型工厂为主。比较适应国际市场的变化，加上劳动密集型工业往往季节性强，只有小厂最能适应这种生产要求，因而香港制造业中小厂占绝大多数，其中大部分在多层工业大厦内进行生产。在1993年在香港39238家工厂中，雇工不足20人的有34383家，不足50人的有37415家，其比重分别为87.62%和95.35%。与较大的工厂联系起来，进行专业化生产。

（4）以 OEM 生产方式为主。按订单要求进行加工装配并按时交货，收取加工费。根据订单的要求进行生产，而不是先制造产品再去找顾客。厂商不用进行产品的设计开发，也不需承担市场拓展和市场风险，而只限于组织生产。技术力量单薄，中小厂难以独立开发产品和拓展海外市场，因而普遍采取 OEM 生产。

香港的制造业发展与对外贸易关系十分密切。而制造业的发展辅助体系，一是制造业政策，但从 20 世纪 60 年代后期以后所需要的机器设备，逐渐增加提供各种必要的基料和半制成品等，绝大部分依靠基础设施和辅助性服务，80 年代海外进口；二是港产品八成左右后，为推进工业多元化和工业结外销，并且生产的品种，在港府的推动下，香港，基本上都由海外市场的需求建立了一个较为完备的支援服决定；三是香港的进出口贸易商务体系。官方机构和民间工商社团三个层他们承接海外订单，再分判给中次构成，主要机构包括生产力促小工厂，并提供生产资料。

20 世纪 50—80 年代，港产品出口总商会及制造业各行业协会等。最高的 1970 年香港所提供的支援服务的主要内容包产品出口占出口总值的 81%；香港本地生产总值大约每增海外市场拓展与推广 2%，以及工业污染出口加工制造业的兴起，香港只防治和环保服务等方面。对外贸易制造业辅助体系涉及面广，服务就不会发展到今天如此高度发达段齐全，并注意实效，对提高制造的水平。外来工业投资也是推动香港制造业发展的一个重要因素。《1993 年海外公司投资香港制造业的调查》，在 1992 年底，香港有 472 家工厂是全部或部分由外资拥有。72148 名雇工，占制造业雇员总数的 12.6%，其产品出口占本地产品出口总值的 23%。372.79 亿元，其中主要的投资来源国为日本，占外商投资总额的 3.4%，并通过引进外资来引进技术。除了经常得以引进新产品之外，本地厂商还可以获得新的生产科技或技术转移。可为本地员工提供技术协助，从而促进本地制造业的技术进步。70 年代香港制造业，而制造业基本上依赖于转口高速发展时期，香港廉价劳工充贸易，在香港经济中不占重要地域，工资成本较低，因而在国际竞位。50 年代开始迅速崛起中主要靠价格低廉制胜。70 年代起，成为香港的支柱产业。随着工资成本上升，香港的业产值在本地生产总值中所占的这种竞争优势逐渐丧失，劳动密比重，1970年高达30.9%，制造行业的生产在香港愈来愈难以雇员人数占香港就业总人数的维持。

第二节　中国制造业信息化的现状

经过数十年的发展，在全球范围内，制造业信息化技术取得了长足的进步，而发达国家制造业信息化市场逐渐成熟，企业应用十分普及。本文对全球制造业信息化技术、市场和应用的现状和趋势进行分析与思考，希望与大家进行探讨。

一、制造业信息化技术发展的特点与趋势

目前，全球制造业信息化技术的发展呈现出以下特点与趋势：

（一）底层核心技术逐渐成熟

经过数十年的发展，西方发达国家在制造业信息化领域的底层核心技术方面，已经有了长足发展。例如，在三维造型底层核心系统、线性与非线性有限元分析解算器、先进生产排程（APS）技术、五轴联动的CAM加工与仿真技术等制造业信息化领域的关键技术，已经十分成熟，并且在全球的制造企业得到了广泛应用。支撑企业管理的新兴技术发展迅速，应用领域不断拓展。

随着西方企业不断向全球拓展，企业规模越来越大，业务越来越复杂，对制造业信息化厂商提出了更高的要求，因此，制造业信息化技术的疆界不断拓展，新兴技术不断涌现。例如，随着企业管理需求的精益化，涌现出企业资产管理（EAM）、大修维护管理（MRO）、需求管理、劳动力管理、企业绩效管理、统计过程控制（SPC）、供应商关系管理的新兴技术。

（二）先进制造技术带动制造业信息化技术发展

随着制造业的产品结构日趋复杂，PLM技术开始向支持机、电、软件混合设计发展，支持产品的包装管理、工程计算和复杂文档的管理。而随着复合材料的广泛应用，支撑复合材料的设计、仿真和制造的信息化技术也逐

渐发展起来；虚拟现实、逆向工程、试验数据管理、仿真数据管理、可靠性分析等新兴技术也随着工业界的应用需求而得到蓬勃发展。

（三）广泛应用 SOA、SAAS 等先进的软件构架和交付模式

随着 IT 技术的发展，SOA（面向服务的架构）改变了软件的应用模式。SOA 架构将固化的软件转变为可以灵活配置的组件，可以实现随需而变，从而降低了信息化技术维护、升级的成本，使信息化软件可以更好地适应企业业务流程的变化。同时，越来越多的企业为了降低 IT 应用的成本，而将购买软件转化为租用服务，这促进了制造业信息化厂商发展 SAAS（软件即服务）模式的应用软件。SAAS 已成为发达国家迅速发展的新兴软件交付模式。

（四）密切结合 Web2.0、SNS 和网络技术的新发展

互联网的广泛应用对制造业信息化技术的发展产生了深远影响。尤其是 Web2.0 技术强调互动性，而 Facebook 等 SNS 网站的兴起，使得支撑产品研发的制造业信息化技术也开始涌现出新兴技术。微软推出了支持 Social Computing 的 Share Point 系统，达索系统提出 PLM2.0 技术。而支持广域网应用的很多信息化技术也得到跨越式发展，例如远程接入、广域网加速、云计算、虚拟化技术等。而对于 B/S 模式的支持，已成为信息化软件的基本功能。

（五）制造业信息化集成技术发展迅速

随着制造业信息化技术的广泛应用，实现各类信息化技术的集成成为一个重要的发展方向。一些主流厂商纷纷通过并购，而为制造企业提供更紧密的集成方案。例如，西门子 PLM 致力于实现产品生命周期与制造生命周期的集成；而 EAI（企业应用集成）和 BPM（业务流程管理）等技术也日益得到广泛应用，MES 成为实现 ERP 与底层自动化系统集成的枢纽。SAP、ORACLE 等厂商已经拥有了全面解决企业各个环节管理问题的制造业信息化集成解决方案。

（六）帮助企业遵循环保和企业治理等法律、法规

全球能源的紧缺使得制造业越来越关注节能、环保，支撑绿色设计、绿色制造、绿色供应链的相关技术得到蓬勃发展，例如 LCA 技术、对碳排放的评估软件等。同时，由于美国和欧盟对于进口产品提出了日益严厉的环保

要求，支撑企业检测和通过相关法律法规的应用软件也开始广泛应用。而随着美国对企业治理的要求越来越严格，尤其是萨班斯法案的出台，使得制造业也需要应用相应的软件系统来实现合规管理。

（七）开源技术长足发展

为了降低软件的应用成本，国外发展起来很多开源的国际组织。不仅是在操作系统层面，有 Linux 等组织；而且在 CAD 领域，发展起来 IntelliCAD 平台；在数据库、ERP 和 PLM 领域，也都发展起来很多开源的组织和产品。开源技术使得众多的开发商可以共同完善技术，推进应用，降低信息技术的应用成本。

二、全球制造业信息化市场的特点与趋势

在西方发达国家，制造业信息化市场逐渐成熟，甚至走向饱和。目前，西方发达国家的制造业信息化市场呈现出以下特点与趋势：

（一）软件产品销售额萎缩

软件的实施服务和老用户的维护服务的营业额占很大比例。由于西方国家的企业发展比较成熟，信息化软件应用已经十分普及，因而软件产品（许可证）销售额增长缓慢，甚至出现下降趋势。同时，制造企业普遍购买软件的维护服务，包括热线电话、互联网在线服务和现场的技术支持服务、软件升级服务等。因此，在主流的制造业信息化软件厂商的营业额中，老用户的维护服务所占比例已经超过50%，而很多软件厂商的实施服务收入也超过了软件产品的营业额。因此，制造业信息化厂商普遍非常重视维护服务。

（二）形成了完整的制造业信息化生态系统

西方发达国家已经建立了完整的制造业信息化生态系统，包括制造业信息化软硬件产品提供商、咨询服务与实施商、渠道商、以及第三方研究机构等。咨询服务公司发展迅速。同时，制造业信息化厂商与用户建立了良好的合作与服务机制，很多厂商组建了用户协会，由用户协会通过定期组织交流，以及用户俱乐部网站等形式，定期向厂商反馈产品改进的需求，这样，促进制造业信息化软件的改进和成熟。同时，国外的高校、研究机构、制造业信息化厂商与工业界建立了深入合作。例如，德国的 Fraunhofer、亚琛工业大学都与工业界建立了合作关系。

（三）制造业信息化

厂商之间的并购非常普遍，大型厂商不断通过兼并、收购，而实现自身的发展壮大，完善自身的产品线和解决方案。例如 ORACLE 公司，近年来先后并购了 Siebel、PeopleSoft、Agile、BEA 等大型软件公司，并购的金额累计达数百亿美元；SAP 公司去年投资 82 亿美元并购了 BO 公司；INFOR 公司先后并购了 SSA、SoftBrands 等数十家 ERP 软件公司，并购金额达 30 亿美元以上；IBM 公司在放弃了盈利低的 PC 等业务的同时，也斥巨资并购了很多软件公司。而 2007 年西门子公司斥资 34 亿美元并购了 UGS；Autodesk、达索系统、PTC 等公司也并购了很多专业公司。信息化厂商的并购一方面是为了拓展用户群、获得稳定的维护服务收入，另一方面可以完善自身的技术和解决方案。

（四）国际制造业信息化

厂商高度重视中国、印度、东欧等新兴市场，目前，平均而言中国制造业信息化的各个细分市场占全球的份额在 1% ~ 2% 之间。但是，由于中国制造业的蓬勃发展，国外主流的制造业信息化厂商已经悉数进入中国市场。不仅在中国设立了营销和服务机构，也逐渐开始在中国设立研发和技术支持中心，以便实现产品、营销和服务的本地化。国际制造业信息化厂商非常注重与中国高校的合作，建立了众多培训中心，力图培养产品研发、实施、服务和应用人才，为其培养未来的用户。国际制造业信息化厂商也非常重视拓展印度、东欧等新兴市场。在这些新兴市场上，厂商可以获得更高的软件产品销售收入，实现迅速增长。

三、全球制造业信息化技术应用趋势

西方发达国家制造业信息化技术的应用呈现出以下趋势：

（一）全球大型制造企业引领制造业信息化技术的发展

随着制造业领域的跨国企业在全球的拓展，为制造业信息化厂商不断提出新问题和新需求，从而引领了制造业信息化技术的发展。例如，全球企业实现跨国的产品开发、营销和服务，对信息系统提出了支持多语种、多工厂、多个企业实体的开发与管理需求，以及全球协作开发的需求。工业发达国家许多企业将信息化技术综合集成并应用服务于研发、管理、财务运作、营销、服务等核心业务，实现了产品研制、采购、销售等在全球范围内的协作，在全球范围进行资源的优化配置。例如，空客 A380 四国五地的研制生产基地信息共享集成与研制流程协同，30 个国家的 1500 家零部件生产商和供应商之间的网络协同。洛克希德·马丁公司在联合攻击战斗机（JSF）研制过程中，以项目为龙头，以数字样机为核心，以 Internet 和协同产品商务系统为综合集成平台，实现了 CAD/CAE/CAM/MRP/SCM/MRO 的集成，建立了全球 30 个国家、50 家公司、50000 用户参与研发的数字化集成协同环境，充分发挥各合作伙伴的优势能力，使设计时间减少 50%、制造时间减少了66%、备件减少 50%。

（二）制造业信息化技术应用取得实效

发达国家的制造企业已经广泛树立了对信息技术的正确认识，明确自身对信息技术的需求，将制造业信息化技术作为软装备，实现了广泛应用，实施和应用的成功率很高。而制造企业在进行兼并、收购时，也同时会进行 IT 系统的整合。制造业信息化技术，已成为支撑企业的业务拓展和变革，实现企业发展战略的必要支撑。值得关注的是，在西方国家崛起了 IDC、Gartner、Cim Data、AMR Research 等研究机构，对制造业信息化技术、市场和应用趋势进行分析，成为制造业信息化技术发展的指南。

（三）越来越多的企业进行 IT 外包和业务外包，强化企业间的协同

在西方发达国家，越来越多的制造企业将非核心业务外包，同时，将 IT 应用进行外包。这种外包的趋势不仅是中小企业开始通过 SAAS 模式应用软件，而且很多大型企业也应用了软件租用模式。

第三节　物联网背景下中国制造业信息化的发展

制造业信息化是将信息技术、自动化技术、现代管理技术与制造技术相结合，改造提升制造业的全局性、持续性、服务性和基础性的系统工程。物联网（Internet of Things）通过全面感知、可靠传递、智能处理使信息到达

不同目标，实现共享，从而实现"物—物"相联。制造业信息化要实现从产品的设计制造、销售服务到回收再利用的全生命周期的管理，物联网技术正好具有这一优势。互联网、云计算、物联网、数据仓库、信息安全等技术的迅猛发展，并与制造技术、特别是集成协同技术、制造服务技术和智能制造技术融合，形成了制造业信息化的核心智能技术，带动制造业信息化不断迈上新台阶，推动我国制造业持续发展。制造物联技术以嵌入式、RFID、商务智能、虚拟仿真与建模等技术为支撑，实现产品智能化、制造过程自动化、经营管理辅助决策等应用。

如今，众多制造业产品的数字化、网络化、智能化发展趋势越来越明显，先进的信息化技术促进生产过程的自动化与精益化；上游供应链供应与物流更加准时化和精益化；制造业的竞争格局已经从以产品为中心向以服务为中心转变；制造物联正在向全生命周期有效管理拓展。制造物联的实施，对我国制造企业强化精细管控能力、抢占产品售后服务市场、提升市场综合竞争力、打造自主品牌都具有重要的战略意义。"十三五"期间，制造业信息化科技工程将站在一个新的战略高度，为加速制造业转型升级、振兴十大产业、发展高端制造业和战略性新兴产业发挥更重要的作用。云制造、集成协同技术和制造物联技术等给制造业信息化发展注入了新内涵、新活力，并将对制造服务关键技术标准的形态和发展产生重要的影响。

一、制造业信息化发展的重要性

经济全球化促进了大型制造企业引领制造业信息化技术的发展，同时，随着国际制造业格局的变化，加快我国制造业信息化步伐，发挥制造物联技术在制造业信息化中的重要作用，对于推动我国信息化与工业化的融合，实现企业的转型升级至关重要。信息化正在重塑制造业竞争的新格局。

(一)重构产业价值链

信息技术的扩散推动了制造过程中隐性知识的显性化。传统制造业工艺过程中有大量的"konw-how"等隐性知识，它决定着企业产品的质量、功能等，是产品差异化的重要来源。信息技术的扩散正在改变这一格局，各种智能化的生产装备(数控机床、贴片机)和先进的管理系统集成（PDM、

ERP、SCM)整合了生产的诀窍、成熟的工艺、科学的方法、先进的理念,是先进生产方式的重要体现,是创新管理模式的重要手段,是隐性知识显性化的重要载体。制造环节的附加值化越来越低。信息技术在制造业各环节的大规模应用,标准化工业制成品大规模、大批量生产越来越容易(山寨机、OEM),传统制造业生产能力急剧膨胀、快速扩张。制造企业越来越难从数量相对过剩且缺乏差异的标准化工业制成品上获取竞争优势,制造环节的低附加值化越来越突出。

(二)创新产品交付形态

目前工业产品的结构越来越复杂,零配件越来越多,安装要求越来越精密,如发电和能源设备、高精度工作母机、大型航空器、大型船舶和重型运输设备等产品已变得十分复杂。这些设备的安全、稳定运行变得越来越重要,任何机器设备的停工所造成的损失都是巨大的。在这一背景下,提供在线服务支持和维护显得越来越重要。产品智能化水平越来越高,为在线监测、实时诊断和维护在技术上提供了重要保障。在制造业多个领域,在线服务越来越普及,并涌现出许多基于在线维护的商业模式,从一次性交易到长期交易,许多制造企业实现了从提供产品到提供"产品+服务"的产品服务系统(PSS)。

(三)提高产品交易效率

信息技术不仅提高了生产效率,更提高了交易效率,便捷的电子商务、精准的供应链管理以及复杂产品的总集成、总承包、总服务已成为发展趋势。服务正成为企业难以模仿、难以复制、不可完全转移的独特资源和能力,成为企业培育竞争优势、实施差异化发展、提升客户满意度的重要途径,因此服务正成为产业竞争的重要领域和产品差异化的重要来源。

二、物联网技术发展带来的变革

物联网是新一代信息技术的重要组成部分,其关键环节可以归纳为全面感知、可靠传送、智能处理。全面感知是指利用射频识别(RFID)、GPS、摄像头、传感器、传感器网络等技术手段,随时随地对物体进行信息采集和获取。可靠传送是指通过各种通信网络、互联网随时随地进行可靠的信息交互和共享。智能处理是指对海量的跨部门、跨行业、跨地域的数据和信息进行分析处理，提升对物理世界、经济社会各种活动的洞察力，实现智能化的决策和控制。相比互联网具有的全球互联互通的特征，物联网具有局域性和行业性特征。物联网可视为一个由感知层、网络层和应用层组成的三层体系。

感知层主要包括二维码标签和识读器、RFID 标签和读写器、摄像头、GPS、传感器以及 M2M 终端、传感器网络和传感器网关等，在这一层次要解决的重点问题是感知、识别物体，采集、捕获信息。感知层要突破的方向是具备更敏感、更全面的感知能力，解决低功耗、小型化和低成本的问题；网络层首先包括各种通信网络与互联网形成的融合网络，除此之外还包括物联网管理中心、信息中心、云计算平台、专家系统等对海量信息进行智能处理的部分，也就是说网络层不但要具备网络运营的能力，还要提升信息运营的能力。网络层是物联网成为普遍服务的基础设施，有待突破的方向是向下与感知层的结合，向上与应用层的结合；应用层是将物联网技术与行业专业领域技术相结合，实现广泛智能化应用的解决方案集。物联网通过应用层最终实现信息技术与行业专业技术的深度融合，对国民经济和社会发展具有广泛影响。应用层的关键问题在于信息的社会化共享，以及信息安全的保障。

(一)物联网技术在我国的发展

对于汽车制造业这样的流程制造业而言，信息化对其发展起到重要的支撑作用，诸如条码技术、红外扫描、RFID 技术等已经得到较多的应用，然而，目前距离物联网还很远。物品条码只是被动的条码，其记录与处理过程仅存在于生产线、库房与销售网络中，仍缺乏实时跟踪的机制，如果能够有效地引入物联网的机制，可以帮助企业实时掌握销售情况，辅以顾客信息、地理位置信息、运输与仓储信息等，帮助企业更实时、科学地安排采购、生产、仓储、配送、调拨与销售等工作。国家宏观政策的支持与引导是我国物联网发展不可或缺的政策优势。我国政府对物联网发展给予了高度重视。早在 1999 年中国科学院就开始研究传感网，2011 年物联网列入了"十二五"国家重点专项规划，将在 5 年内拨放 50 亿元专项资金以补助企业物联网建设，同时，针对物联网企业减免税收等优惠政策也在 2016 年的后续工作中体现出来。

总之，国家重视发展工业物联网，有很强的政策支持力度。我国发展物联网技术与国外基本同步，已形成基本齐全的物联网产业体系。由于起步较早，目前我国对物联网应用领域的研究与美国、德国等欧美国家基本处于同一起跑线上，中国成为国际传感网领域标准制定的主导国家之一。我国自主研发的用于工业过程自动化的无线网络标准 WIA-PA 和 HART 基金会标准 Wireless HART 经过 IEC 成员国投票认定已进入国际 IEC 标准体系，和行业较为知名的美国仪器仪表协会标准 ISA100，并列成为国际上三个主流的工业无线技术标准，在此基础上，我国还在积极推进面向离散制造业的工业无线网络技术（WIA-FA）的研究和标准制定工作。另外，目前国际上已成立一个物联网标准研究组，中国在其中成为较重要的角色，而且中国向国际标准化组织提交的多项标准提案也被采纳。

（二）物联网在制造业信息化中的应用

物联网的本质其实就是深度的信息化，物联网的发展将会极大地促进各行业的信息化进程，对于制造业而言，信息化正对其发展起到重要的支撑作用。物联网技术在制造业中的应用优势可归纳为以下几点：

1.产品智能化。产品中加入大量电子技术，实现产品功能的智能化。在产品中植入 RFID 芯片，记录产品的静态信息，通过各种传感器，模数转换，检测设备的运行状态，使设备"能说会道"。

2.售后服务。通过无线网络获取产品运行状态信息，实施在线的售后服务，提高服务水平。

3.设备监控。企业的生产设备可以通过以太网或现场总线采集设备运行状态数据，实施生产控制和设备维护。

4.物流管理。厂内外物流植入 RFID，实现物品位置、数量、交接的管理和控制。

三一重型装备有限公司（简称三一重装）是专业从事煤炭掘进、采煤、运输成套设备研发、制造及销售的大型装备制造企业。三一重装十分重视利用信息化技术提升企业三大核心竞争力，在企业研发、制造和服务等领域积极探索"两化"深度融合，取得了显著效果。三一重装以 ERP 为核心，集成人力资源与财务两大平台以管控企业核心资源，集成协同研发、在线采购、精益制造、集成销售与智能服务五大平台以建设与支持企业从研发至服务的核心价值链及其卓越流程，使其在产品设计、寿命、质量、服务等多方面取得竞争优势，其掘进机产品国内市场占有率达到50%。

例如，三一重装的协同研发平台可以实现全球不同地理位置（美、德、印、巴等）、不同专业（机、电、液、工艺、工程设计等）、不同产品版本（通用、欧版、美版等）的研发人员于同一虚拟样机、同一设计流程、同一数据平台的安全协同研发设计，全面支撑企业研发核心能力培育；精益制造平台依托制造资源库，构建产能规划和生产调度平台，形成以数字化工厂（DF）与制造执行系统为核心，含工艺规划、生产调度、质量管理等十大板块的生产控制平台，支撑企业制造过程的规划、计划、执行与决策；智能服务平台以客户需求拉动，通过创新服务模式，充分应用远程诊断、3G、导航等现代信息技术，实现客户、一二三线服务工程师、服务管理人员之间的协同，提升服务的品质与效率，进而提升服务核心能力。从单一产品制造企业，到解决方案和服务提供商，在不断进行的整合中，陕西鼓风机（集团）有限公司（下称"陕鼓"）找到了制造价值链上的制高点——服务，使艰难转型因信息化技术的发展成为可能。

在2015年，陕鼓就开始涉足物联网应用，成功建设了陕鼓的旋转机械远程在线监测及故障诊断系统。因为风机设备的稳定运行对客户整体系统的正常运转具有重要的作用，而专业的远程状态服务能够发现并记录人眼难以察觉的微小变化，防患于未然，所以把信息技术与传统产业进行嫁接，研发一套远程监测系统，这样，技术专家就可以通过数据，全天24小时为用户提供在线技术支持和故障诊断，降低了用户的维护检修成本，保证了机组安全运行。通过使用该系统，客户可以减少非计划停机次数，降低故障率，缩短停机检修时间，延长检修周期，延长机组连续运行时间，减少维修费用，也为流程系统提供了安全保障。陕鼓也因此可以及时掌握现场机组运行情况，这些信息通过陕鼓的内外专家队伍分析处理和在线观察预测，能为陕鼓的营销队伍提供许多超前、准确的客户维修改造和备品备件需求信息，为快速的市场响应奠定了基础。

三、基于物联网的制造业信息化发展趋势

从发展方向上来讲，国家提出的信息化和工业化融合，特别是如何通过信息化渗透到制造业的各个环节中，如何打造新兴产业体系，走出一条新型工业化道路，仍然是未来面临的一个发展上的重大前提。

实时感知、网络交互和应用平台的可控可用，使物联网实现了信息在真实世界和虚拟空间之间的智能化流动。

物联网与先进制造技术相结合产生的新的智能化制造体系，概括起来主要体现在八个方面：

（1）泛在感知网络技术，建立服务于智能制造的泛在网络技术体系，为制造中的设计、设备、过程、管理和商务提供无处不在的网络服务。

（2）泛在制造信息处理技术，建立以泛在信息处理为基础的新型制造模式，提升制造行业的整体实力和水平。

（3）虚拟现实技术，采用真三维显示与人机自然交互的方式进行工业生产，进一步提高制造业的效率。

（4）人机交互技术，传感技术、传感器网、工业无线网以及新材料的发展，提高了人机交互的效率和水平，随着人机交互技术的不断发展，我们将逐步进入基于泛在感知的信息化制造人机交互时代。

（5）空间协同技术，它的发展目标是以泛在网络、人机交互、泛在信息处理和制造系统集成为基础，突破现有制造系统在信息获取、监控、控制、人机交互和管理方面集成度差、协同能力弱的局限，提高制造系统的敏捷性、适应性、高效性。

（6）平行管理技术。

（7）电子商务技术。

（8）系统集成制造技术。

基于物联技术的发展，高度的信息共享促使企业可以通过优化业务流程和资源配置，强化运行细节管理和过程管理，追求持续改进，推动企业不断适应内外环境的变化，提高核心竞争力和创效能力，达到精益管理，从而提高制造业生产力。例如精益生产造就了洛克希德·马丁的军机生产霸主地位。在 JSF 研制中，工装减少 90％，生产时间减少 66％，制造成本减少 50％，需要的零件数减少 50％，需要的紧固件减少 50％以上。通过这一系列的数字可以看出来，它的成本降低了，效率提高了。精益研发第一次系统地以质量数据总线整合各种产品质量信息，把物理世界与数字世界充分关联起来，两者之间的精确映射，为企业提供一种企业级的产品数字化样机开发环境，预期可实现顶层牵引、系统表达的质量设计思路，让一个复杂产品的研发质量，系统、清晰、稳定、动态、完整地掌握在设计者的手里，让产品的质量与可靠性有了系统的保障，让产品创新有了质的飞跃和效率的提升。

由此看出，精益化也是我们向全球高端制造业发展的必由之路。融入物联技术的制造业信息化支撑并推动了制造业服务化转变。当今国际形势下的高端制造业都将服务看作发展重点，我们同样希望站在附加值更高的微笑曲线的两端。中国是制造业大国，要提高就要向"中国制造"发展。很多重复性或者不是核心主导业务的，可以通过外包的形式实现成本最小化；同样，如果是为自身的企业提供服务的机构，达到一定的程度，也可以对外展开服务，也可以把卖商品进一步演化到提供一些成套、集成的方案，从而提高附加值。比如罗·罗公司，它不直接出售发动机，而是以"租用服务时间"的形式出售，在租用时间段内承担一切保养、维修和服务。基于物联技术的泛在信息系统将实现专业分工更加细化、明确，同时，物联网通过全面感知、可靠传递、智能处理使信息到达不同目标，实现共享，因而高度共享的信息资源、高度细化的专业化分工极大地提高了工作效率，帮助企业节约成本，提高竞争力。另外，物联网在中国制造、在发展绿色低碳经济中占据着重要的战略性地位。在物联网的推进策略上，应充分考虑到中国制造的产业基础和优势，将物联网相关技术作为进一步提升中国制造技术含量和服务品质含量的关键手段。

随着物联网技术的成熟和商业模式的不断丰富完善，嵌入了"物联网"新应用和服务的中国制造产品将不断涌现，同时，要把物联网和发展"绿色、环保、节能、低碳经济"相结合，充分利用物联网能够实现更精细、更简单、更高效管理的特性，通过重点领域的应用示范效应，促进物联网创造更大的经济效益和社会效益。综上所述，本研究分析并归纳了我国未来制造业信息化的发展趋势，主要体现在六个方面：

（1）全球化，要求制造企业面向全球资源配置销售服务网络。

（2）智能化，指充分利用制造物联技术，实现产品和制造过程智能化。

（3）精益化，要求构建集团管控模式、优化资源配置，实现精益运作。

（4）服务化，是从生产型制造向服务型制造转变，占据价值链高端。

（5）专业化，是通过供应链和企业集群的分工协作，提升竞争力。

（6）绿色化，是从高能耗向低能高效转变，实现绿色设计与绿色制造。

本研究主要介绍了我国建设制造业信息化的重要性，在物联网兴起的新时期，探讨了制造业信息化的发展，以物联网技术为基础的制造业信息化将为我国发展现代制造业带来创新的服务理念。分析了物联网技术的发展，详细阐述了物联网在制造业信息化发展中的应用及其带来的重要影响，提出了基于物联技术的我国制造业信息化发展趋势。制造物联技术以嵌入式、RFID、商务智能、虚拟仿真与建模等技术为支撑，实现了产品智能化、制造过程自动化、经营管理辅助决策等应用。云制造、集成协同技术和制造物联技术等给制造业信息化发展注入了新内涵、新活力，必将对制造服务关键技术标准的形态和发展产生重要的影响。

第四节　物联网信息感知与交互技术

一、引言

物联网是信息技术领域的一次重大变革，被认为是继计算机、互联网和移动通信网络之后的第三次信息产业浪潮。物联网是在互联网基础上延伸和扩展的网络，是通过信息传感设备，按照约定的协议，把任何物品与互联网连接起来，进行信息交换和通信，以实现智能化识别、定位、跟踪、监控和管理的一种网络。物联网的基本特征是信息的全面感知、可靠传送和智能处理，其核心是物与物以及人与物之间的信息交互。信息感知是物联网的基本功能，但通过无线传感器网络等手段获取的原始感知信息具有显著的不确定性和高度的冗余性。

信息的不确定性主要表现在：

（1）不统一性。不同性质、不同类型的感知信息其形式和内容均不统一。

（2）不一致性。由于时空映射失真造成的信息时空关系不一致。

（3）不准确性。由于传感器采样和量化方式不同造成的信息精度差异。

（4）不连续性。由于网络传输不稳定造成的信息断续。

（5）不全面性。由于传感器感知域的局限性导致获取的信息不全面。

（6）不完整性。由于网络和环境的动态变化造成的信息缺失。感知信息的冗余来源于数据的时空相关性，而大量冗余信息对资源受限的感知网络在信息传输、存储和处理以及能量供给方面提出了极大的挑战。

因此，一方面需要研究信息感知的有效方法，对不确定信息进行数据清洗，将其整合为应用服务所需要的确定信息；另一方面，需要研究信息感知的高效方法，通过数据压缩和数据融合等网内数据处理方法实现信息的高效感知。信息交互是物联网"物物互联"的目的，是物联网应用的基础。物联网信息交互与传统人机交互具有很大的不同，主要体现在：物联网信息交互"用户"的泛在性。"物物互联"使物联网的信息交互无处不在，从而将信息交互用户扩展到所有联入网络的人、机、物等不同对象。物联网信息交互是一种主动交互方式 . 在物联网应用中，信息交互不是被动的应答式交互，而是网络节点按需主动获取信息，并自主智能地处理感知信息的过程。物联网信息交互的过程非常复杂。大量异质网络节点的参与，网络中海量信息的分布式存在，无线网络的动态性和不稳定性以及节点资源的局限性，使得物联网信息交互需要众多网络节点共同参与、相互协作，分布式执行才能完成。

由于上述特点，需要研究物联网信息交互理论和技术，建立信息交互模型，重点解决信息交互的能效平衡和交互适配问题，实现交互任务智能高效地完成。随着物联网技术研究和应用的不断深入，物联网信息感知和交互研究取得了大量成果。

二、信息感知

信息感知为物联网应用提供了信息来源，是物联网应用的基础。信息感知最基本的形式是数据收集，即节点将感知数据通过网络传输到汇聚节点。但由于在原始感知数据中往往存在异常值、缺失值，因此在数据收集时要对原始感知数据进行数据清洗，并估计缺失值。信息感知的目的是获取用户感兴趣的信息，大多数情况下不需要收集所有感知数据，况且将所有数据传输到汇聚节点会造成网络负载过大，因此在满足应用需求的条件下采用数据压缩、数据聚集和数据融合等网内数据处理技术，可以实现高效的信息感知。下面在分析一般数据收集过程的基础上，讨论数据清洗、数据压缩、数据聚集和数据融合等信息感知技术。

（一）数据收集

数据收集是感知数据从感知节点汇集到汇聚节点的过程。数据收集关注数据的可靠传输，要求数据在传输过程中没有损失。针对不同的应用，数据收集具有不同的目标约束，包括可靠性、高效性、网络延迟和网络吞吐量等。下面按照约束目标的不同对典型的数据收集方法进行分析讨论。数据的可靠传输是数据收集的关键问题，其目的是保证数据从感知节点可靠地传输到汇聚节点。目前，在无线传感器网络中主要采用多路径传输和数据重传等冗余传输方法来保证数据的可靠传输。多路径方法在感知节点和汇聚节点之间构建多条路径，将数据沿多条路径同时传输，以提高数据传输的可靠性。多路径传输一般提供端到端的传输服务。由于无线感知网络一般采用多跳路由，数据成功传输的概率是每一跳数据成功传输概率的累积，但数据传输的每一跳都有可能因为环境因素变化或节点通信冲突引发丢包，因此构建传输路径是多路径数据传输的关键。数据重传方法则在传输路径的中间节点上保存多份数据备份，数据传输的可靠性通过逐跳回溯来保证。数据重传方法一般要求节点有较大的存储空间以保存数据备份。

能耗约束和能量均衡是数据收集需要重点考虑和解决的问题。多路径方法在多个路径上传输数据，通常会消耗更多能量。而重传方法将所有数据流量集中在一条路径上，不但不利于网络的能量均衡，而且当路径中断时需要重建路由。为了实现能量有效的数据传输，研究者基于多路径和重传方法，提出了许多改进的数据传输方法。TSMP 多路径数据传输方法，在全局时间同步的基础上，将网络看作多通道的时间片阵列，通过时间片的调度避免冲突，从而实现能量有效的可靠传输。Wisden 数据传输方法，在网络中的每个节点都缓存来自感知节点的数据及数据的连续编码。

如果数据的编码中断则意味着该编码对应的数据没有传输成功，这时将该数据编码放入一个重传队列，并通过逐跳回溯的方法重传该数据。当网络路由发生变化或节点故障产生大规模数据传输失败时，逐跳重传已经不能奏效，这时则采用端到端的数据传输方法。这种端到端和逐跳混合的数据传输方式实现了低能耗的可靠传输。对于实时性要求高的应用，网络延迟是数据收集需要重点考虑的因素。为了减少节点能耗，网络一般要采用节点休眠机制，但如果休眠机制设计不合理则会带来严重的"休眠延迟"和更多的网络能耗。

例如，当下一节点处于休眠状态时，当前节点需要等待更长的时间，直到下一节点被唤醒。为了减小休眠延迟并降低节点等待能耗，DMAC 方法和 STREE 方法使传输路径上的节点轮流进入接收、发送和休眠状态，通过这种流水线传输方式使数据在路径上像波浪一样向前推进，从而减少了等待延迟。TIGRA 方法对上述方法做了进一步改进，要求到汇聚节点具有相同跳数的节点同步进入休眠、接收和发送状态，从而将流水线式数据传输由线扩展到面，实现了更高效的传输。网络吞吐量是数据收集需要考虑的另一个问题。数据收集"多对一"的数据传输模式以及基于 CSMA 的 MAC 层控制机制，很容易产生"漏斗效应"，即在汇聚节点附近通信冲突和数据丢失现象严重，从而导致网络吞吐量降低。针对这种网络负载不平衡问题，需要采用新的 MAC 控制机制。Funneling-MAC 方法，在汇聚节点周围采用一种 TDMA 协议，为每个数据链路都分配相应的时间片。

为了处理突发事件，在一些预留的时间片内则采用 CSMA 协议。实验表明，该方法有效提高了网络吞吐量。这是一种阻塞控制和信道公平的传输方法，该方法基于数据收集树结构，通过定义节点及其子节点的数据成功发送率，按照子树规模分配信道资源，实现了网络负载均衡。数据收集是物联网最基本也是最广泛的应用，目前已经提出了许多行之有效的数据收集方法，进一步的研究需要在满足数据传输可靠性的前提下，探索能量有效和能量均衡的数据收集方法，同时，针对不同的物联网应用，需要研究和分析数据收集不同约束目标之间的关系，实现约束目标的灵活适配和优化选择。

（二）数据清洗

数据收集的目的是获取监测目标的真实信息，然而由于网络状态的变化和环境因素的影响，实际获取的感知数据往往包含大量异常、错误和噪声数据，因此需要对获取的感知数据进行清洗和离群值判断，去除"脏数据"得到一致有效的感知信息。对于缺失的数据还要进行有效估计，以获得完整的感知数据。根据感知数据的变化规律和时空相关性，一般采用概率统计、近邻分析和分类识别等方法，在感知节点、整个网络或局部网络实现数据清洗。概率统计方法需要建立数据的统计分布模型，通过计算观测值在分布模型下的概率来判定离群值。

对于具有明确分布特性的数据，通常采用参数估计方法建立统计分布模型，常用的有高斯分布。例如，利用节点数据的空间相关性，通过比较节点观测值与近邻节点观测值中位数的误差实现离群值的判定。但该方法没有考虑数据的时间相关性。同时考虑了数据的时间和空间相关性，观测值既与邻居的观测值比较，又与历史数据比较，综合判断离群值。针对数据非高斯分布的情形，采用对称稳定分布模型，对有脉冲噪声的节点观测数据进行滤波，获得了满意的效果。由于参数估计方法需要根据先验知识建立统计分布模型，但实际中一般不易得到数据的分布特征。因此，出现了许多非参数统计的数据清洗方法。

前者通过观测值的频率统计获得直方图分布，根据观测值是否落于给定的频率范围来判定离群值。后者采用核函数估计观测值分布，将具有较低概率的观测值判定为离群值。基于概率统计的数据清洗方法能体现数据的分布特征，具有计算简单、准确性高等特点，但其缺点是先验分布不好确定，离群值阈值的设置依赖于人为经验。近邻分析方法利用感知数据在空间上的相关性，通过定义近邻节点观测值的相似度实现离群值判断。一种全局离群值检测方法。该方法基于节点观测值相似度的定义，将局部可疑离群值广播发送到近邻节点进行验证，如果近邻节点确认其为离群值，则继续通过广播方式向其他近邻节点寻求确认，最终实现全局离群值的检测。该方法采用广播方式发送信息，因此适用于不同的网络结构，但其通信开销较大。为了减少通信开销，汇集树网络结构实现了全局离群值的检测。在汇集树中每个节点将其子树中的部分数据发送给父节点，并最终汇集到汇聚节点。汇聚节点从收到的数据中，选择最大的若干个观测值向所有节点查询它们是否为全局离群值。

如果存在节点否认某观测值为离群值，则该节点的子树将再次发送部分数据到汇聚节点。重复上述过程，直到所有节点同意某观测值为离群值。基于分簇网络结构提出了一种全局离群值检测方法。该方法基于空间相关性将节点划分为若干簇，簇头将簇内的数据摘要发送到汇聚节点，汇聚节点通过比较某个簇的簇内数据离差与所有簇的平均簇内数据离差实现离群值判定。近邻分析方法不需要对数据的分布进行估计，并且充分利用了数据的时空相关性，是一种能体现数据自身特点的数据清洗方法。但该类方法在划分邻域时需要定义节点观测数据的相似度度量，对于多源异构感知数据，定义理想的相似度度量比较困难。

另外，选择什么网络结构以及如何应对网络结构的动态变化是近邻分析方法需要处理的问题。分类识别方法将数据清洗问题看作模式识别问题，采用经典的机器学习和分类识别方法，例如支持向量机（SVM）、贝叶斯网络等方法判定离群值。利用节点一段时间的历史数据训练 SVM 模型，实现局部离群值的判定。基于贝叶斯网络的方法将节点数据的时空相关性，描述为数据的概率依赖关系，基于历史观测数据学习贝叶斯网络参数，通过贝叶斯概率推理实现离群值判定。由于基于分类识别的数据清洗方法充分利用了样本信息，因此在实际中取得了较好的应用效果。

但对于分布式感知网络和多源异构感知数据，分类识别方法在实现时还有一些问题需要进一步研究。例如，基于 SVM 的方法需要研究核函数的确定方法以及适用于资源受限节点的高效算法。基于贝叶斯网络的方法需要研究和解决节点数量增加时，大规模贝叶斯网络的建模和参数学习问题。与数据清洗密切相关的一个问题是感知数据中存在缺失值的问题。如果将缺失值看作异常值，则利用数据清洗方法也能实现缺失值的识别和剔除。但在要求数据完整性的应用场合，则需要对缺失值进行有效估计。针对感知数据的缺失值问题，Pan 等人提出了基于线性插值模型和多元回归模型的估计方法，取得了较好的实验结果。虽然目前已经提出了许多数据清洗方法，但面向复杂的物联网应用，由于网络受环境因素影响大，网络状态不稳定，网络资源受限，现有方法与实际应用要求还有一定差距。因此，需要进一步研究有效的物联网数据清洗方法，研究和解决数据清洗的网络能耗和负载均衡问题，研究能处理高维多源异构数据且适用于大规模网络应用的数据清洗方法。

（三）数据压缩

对于较大规模的感知网络，将感知数据全部汇集到汇聚节点会产生非常大的数据传输量。由于数据的时空相关性，感知数据包含大量冗余信息，因此采用数据压缩方法能有效减少数据量。然而由于感知节点在运算、存储和能量方面的限制，传统的数据压缩方法往往不能直接应用。因此，针对物联网应用的特点，研究者提出了许多适合无线感知网络的数据压缩方法。在无线传感器网络应用中，研究者主要考虑节点的资源限制，提出了一些简单有效的数据压缩算法。例如，基于排序的方法利用数据编码规则实现数据压缩，而基于管道的方法采用数据组合方法实现数据压缩。但这类算法没有充分利用数据自身的相关性，所以压缩效率较低。基于节点数据的时间相关性，提出了一种基于历史数据的压缩方案。该方案从历史数据中提取数据基信号，并利用基信号的线性映射表示数据，实现数据压缩。不同节点往往采集不同类型的数据，如果所有节点采用相同的压缩率，数据将产生不同程度的失真。

因此，提出了一种基于动态带宽分配的数据压缩方案。在该方案中，汇聚节点先确定上一轮数据收集中每个节点的通信带宽和压缩质量，然后为各个节点计算出理想的通信带宽，从而为数据失真度高的节点分配更多的通信带宽，即通过为不同的节点分配不同的压缩率，实现更高效的数据压缩。由于传统基于变换的数据压缩方法在信号处理方面取得的成功，许多研究者试图将传统数据压缩方法应用于物联网感知数据的压缩，其中最热门的是基于小波变换的压缩方法。先在单个传感器节点对数据进行小波压缩，然后将压缩数据传送到汇聚节点进行集中处理，减少了网络通信开销。DIMENSIONS

算法采用层次式分簇路由协议，感知节点对数据进行小波压缩后发送到簇头节点。簇头节点对所收集的数据再进行小波压缩，并继续发送到上一层的簇头节点。重复上述操作，直到数据传输到汇聚节点，在汇聚节点进行多层解码，实现高效的数据压缩。

物联网感知网络的分布式特性，决定了分布式数据压缩方法具有更高的压缩效率，不同于上述在单个节点或汇聚节点的数据压缩方式，分布式压缩方法一般需要多个节点的协同工作完成数据压缩。Ciancio 等人在无线传感器网络数据的分布式小波压缩方面做了大量研究工作，深入研究了分布式小波压缩的网络能耗问题，分析了局部小波系数量化对数据重构失真度的影响，在此基础上提出了一种能量优化的分布式小波压缩方法。传统的小波变换不能直接应用于空间部署不规则的无线传感器网络，因此提出了一种分布式不规则小波变换方案，以 Haar 小波为例给出了一个分布式小波变换方法，并在无线传感器网络应用中取得了较好的数据压缩效果。现有的研究表明，分布式数据压缩技术在无线感知网络数据收集应用中具有良好的性能，但面向大规模网络应用需求，还有许多理论和技术问题需要探讨。例如，分布式数据压缩的能量有效和能量均衡问题，分布式数据压缩的鲁棒性和误差控制问题以及多节点协同的分布式数据压缩问题等。

(四) 数据聚集

数据收集和数据压缩方法试图从感知网络获取全部或近似全部的感知信息，然而在大多数应用场合，信息感知的目的是获取一些事件信息或语义信息，而不是所有的感知数据。因此，多数情况下不需要将所有感知数据传输到汇聚节点，而只需传输观测者感兴趣的信息。下面的数据聚集和数据融合，就是在满足应用要求的情况下，从原始感知数据中选择少量数据或提取高层语义信息进行传输，从而减少网络数据传输量。数据聚集就是通过某种聚集函数对感知数据进行处理，传输少量数据和信息到汇聚节点，以减少网络传输量。数据聚集的关键是针对不同的应用需求和数据特点设计适合的聚集函数。常见的聚集函数包括 COUNT (计数)、SUM (求和)、AVG (平均)、MAX (最大值) 和 MIN (最小值)、MEDIAN (中位数)、CONSENSUS (多数值) 以及数据分布直方图等。Gehrke 等人对无线感知网络的数据聚集做了大量研究工作，提出了聚集函数的容错和可扩展算法，并在此基础上实现了一个 COU-GAR 数据感知系统。一种在分布式无线感知网络环境下低能耗的聚集函数实现方法，研制了一个感知数据库系统 TinyDB，无线感知网络的数据聚集实现方法，提出一种低能耗的聚集树构造算法，并指出无线通信机制对聚集函数的计算性能具有很大影响。无线感知网络中的某些节点作为聚集器，这些聚集器从其他感知节点收集原始数据，并根据远程用户的查询请求进行数据聚集处理，将聚集函数的计算结果反馈给用户。数据聚集结构 Q-Digest 树，可以对无线感知网络进行多种数据聚集操作，包括分位数、出现频率最高的观测值和数据分布直方图等。数据聚集能够大幅减少数据传输量，节省网络能耗与存储开销，从而延长网络生存期。但数据聚集操作丢失了感知数据大量的结构信息，尤其是一些有重要价值的局部细节信息。对于要求保持数据完整性和连续性的物联网感知应用数据聚集并不适用。例如，突发和异常事件的检测，数据聚集损失的局部细节信息可能会导致事件检测的失败。

（五）数据融合

数据融合（Data Fusion）是对多源异构数据进行综合处理获取确定性信息的过程。在物联网感知网络中，对感知数据进行融合处理，只将少量有意义的信息传输到汇聚节点，可以有效减少数据传输量。无线传感器网络中的数据融合技术做了系统综述。按照数据处理的层次，数据融合可分为数据层融合、特征层融合和决策层融合。对于物联网应用，数据层融合主要根据数据的时空相关性去除冗余信息，而特征层和决策层的融合往往与具体的应用目标密切相关。在数据层采用传统的数据融合方法，例如概率统计方法、回归分析和卡尔曼滤波等，可以消除冗余信息，去除噪声和异常值。分布式融合方法，采用极大似然估计实现了局部感知数据的估计，消除了数据异常，并解决了不同步数据的融合问题。Bayes 方法也是数据融合常用的方法。Yuan 等人在研究基于簇结构的数据融合时，为了解决数据收集中簇头节点的数据冲突问题，采用 Bayes 方法估计发送数据的节点数量。为了提高 Bayes 数据融合的计算效率，Shah 等人实现了后验概率的分布式计算。

基于原始数据的回归分析，可以通过少量数据获得感知数据全局或局部的估计。例如，建立感知数据的回归模型，通过模型的回归计算大幅减少了数据传输量。将传统信号处理的各种滤波方法应用于感知数据的融合，可以有效去除噪声、消除数据冗余。常见的方法有漂移均值滤波、卡尔曼滤波和粒子滤波等。Jin 等人将漂移均值滤波用于观测值的数据处理以及事件和事件边界的估计。卡尔曼滤波在观测值预测、上下文信息预测，甚至 MAC 层数据帧大小预测等方面均有应用。但卡尔曼滤波不能很好地处理非高斯噪声和低采样率的数据，因此粒子滤波方法被引入无线传感器网络的数据分析和处理中，特别是节点定位和跟踪方面。例如，粒子滤波方法实现了基于网络几何属性的目标跟踪。针对来自多源异质网络节点的多类型不确定性数据，在特征层或决策层采用 D-S 证据理论、模糊逻辑、神经网络及语义融合等技术，可以实现事件检测、状态评估和语义分析等高层决策和判别。D-S 证据理论实现了网络路由状态的分析，给出了路由是否需要重建的判别。

由于模糊逻辑能很好地处理推理和决策中的不确定性因素，因此非常适合物联网不确定性信息的处理。实际上，模糊逻辑在节点定位跟踪、簇头选择、路由构建以及 MAC 存取控制等方面均有应用。神经网络能够将不确定的数据通过学习转化为系统理解的形式，且适合大规模并行处理。因此，神经网络可应用于物联网多节点感知数据的融合。例如，将神经网络用于目标识别系统的多传感器数据的融合。语义融合技术是基于数据语义描述的高层数据融合方法。该方法一般从感知数据提取抽象语义，通过语义的模式匹配实现状态监测或分类识别 Friedlander 等人最早提出了语义融合方法，并将其应用于传感机器人的状态识别。除了研究数据融合方法之外，物联网数据融合还要考虑网络的结构和路由，因为网络结构和路由直接影响数据融合的实现。

目前在无线感知网络中经常采用树或分簇网络结构及路由策略。基于树的数据融合一般是对近源汇集树、最短路径树、贪婪增量树等经典算法的改进。例如，动态生成树构造算法，通过目标附近的节点构建动态生成树，节点将观测数据沿生成树向根节点传输，并在传输过程中对其子生成树节点的数据进行融合。经典的分簇协议 LEACH 支持簇头节点的数据融合，但

LEACH 并未给出具体的融合方法。PEGAS-IS 协议对 LEACH 的数据融合进行了改进，采用了链式结构获得了更好的融合性能。但 PEGASIS 协议链的长度与节点数量有关，对于规模较大的网络会产生较大的延迟。PEDAP 协议进一步发展了 PEGASIS 协议，通过构造最小汇集树，将子节点的数据包融合为单个数据包，减少了网络传输量。数据融合能有效减少数据传输量，降低数据传输冲突，减轻网络拥塞，提高通信效率。

因此，数据融合已成为物联网信息感知的关键技术和研究热点，但对于大规模网络应用，数据融合在理论和应用上还需要进一步研究，主要包括以下几个方面：

（1）能量均衡的数据融合。能耗不均衡造成的能量空洞现象已引起了许多研究者的关注，但对于大规模网络还需要研究有效的解决方案。

（2）异质网络节点的信息融合。异质网络节点的感知信息具有时间不同步，采样率不一致以及测量维数不匹配等不确定性。如何融合异质网络节点的不确定性数据是一个难点问题。

（3）数据融合的安全问题。面向物联网应用，如何解决数据融合中的信息安全问题，特别是有损数据融合的安全性问题，是数据融合需要解决的关键问题之一。

三、信息交互

物联网信息交互是一个基于网络系统有众多异质网络节点参与的信息传输、信息共享和信息交换过程。通过信息交互物联网各个节点智能自主地获取环境和其他节点的信息。虽然已有的研究工作对传统信息系统的人机交互理论进行了深入研究，并提出了完整的信息交互模型，但对于物联网信息交互目前还没有成熟的理论体系。下面根据经典的信息交互模型，提出物联网信息交互的基本模型，并在此基础上对信息交互的相关技术进行综述。

（一）物联网信息交互模型

通过对大型信息系统人机交互过程的深入研究，提出了描述用户和信息系统及其内容的信息交互模型，该模型认为信息交互是由用户、系统和内容三个基础对象之间的交互共同完成，其中用户使用信息系统的根本目的是利用系统的内容，但用户要成功获取内容，必须利用系统提供的功能进行相应的系统操作才能完成，而内容是以系统为载体的信息呈现，是面向不同应用的信息展示。基于上述信息交互模型，结合物联网的特点，该模型的基础对象由用户、网络和内容三部分组成。与传统信息交互模型中用户的含义不同，这里的用户是广义的用户，既包括传统的人机交互用户，也包括汇聚节点、簇头节点、路由节点和一般网络节点。物联网信息交互的系统是指感知网络本身，即包括信息感知单元、运算和存储单元以及能量单元的整个网络系统。而以物联网网络系统为载体的信息空间则构成信息交互的内容，包括网络节点的各种感知数据、网络的状态信息以及用户感兴趣的高层语义和事件信息。物联网信息交互实际上是用户、网络和内容三者之间的交互过程，例如上面的信息感知过程实际上是汇聚节点通过感知网络获取节点感知信息的交互过程。下面就物联网信息交互中用户与网络、网络与内容以及用户与内容的交互技术分别进行分析讨论。

(二) 用户与网络的信息交互

用户与网络系统的信息交互是指用户通过网络提供的接口、命令和功能执行一系列网络任务，例如时钟同步、拓扑控制、系统配置、路由构建、状态监测、代码分发和程序执行等，以实现感知信息的获取、网络状态监测和网络运行维护。物联网的各种应用都离不开用户与网络的信息交互，例如信息感知中的数据收集、数据压缩和数据融合就是用户通过网络的感知功能、运算功能和传输功能获取信息的过程。用户与网络信息交互的一般模式是用户通过网络发出指令或控制信息，相关节点收到相应的指令后分布式地执行，并将执行的结果通过网络反馈给用户。下面重点分析用户与网络交互的关键环节，包括控制信息的传输和交互对象的选择。而网络将交互结果反馈给用户的过程依赖于不同的应用，在上述的数据收集等应用中已经有所叙述，在此不再详述。

1.控制信息的传输

控制信息的传输是将数据采集、查询命令、网络配置和程序代码等信息由汇聚节点传输到网络各个节点的过程。与前面的数据收集相反，控制信息的传输是从汇聚节点到感知节点"一到多"的数据传输。控制信息的传输首先要求高可靠性，其次一些数据采集和查询命令还要求低延迟。而对于较大规模的网络，能耗也是需要考虑的问题。目前，大部分控制信息传输协议都是基于传统 Adhoc 网络的洪泛（flooding）和谣传（gossiping）协议建立的，洪泛采用广播方式传输信息，即每个节点将收到的信息发送给邻居节点，直到达到设定的最大跳数。洪泛具有高可靠性，但其广播方式会导致信息的重复发送。因此，研究者提出了各种改进方案。基于洪泛提出了一种 LMPB 协议，在减少数据重复传输的同时尽可能地平衡网络能耗。在该协议中，每个节点在传输消息时，只向下传输第一次收到的消息并做标记，当收到已传输过的消息时则不再传输。为了平衡信息传输的网络能耗，每个节点在消息传输过程中不断计算和更新自身的能量状态值，当一个节点向邻居节点传输消息时，只有能量状态最佳的节点会继续向下传输该消息。

虽然 LMPB 协议减少了数据的重复传输，但数据传输的可靠性有所降低。针对该问题，一种提高信息传输可靠性的 RBP 协议。在此协议中，每个节点同样只传输第一次收到的消息，同时为了提高信息传输的可靠性，当一个节点收到消息时，根据其邻居节点成功接收该消息的比例以及节点所在局部网络的节点密度，决定是否要向下传输该消息。当节点局部密度比较低时，则节点传输消息以提高消息成功接收的比例，否则不传输消息以适当降低该比例。谣传通过设定一定的概率阈值将收到的消息发送到较高概率的邻居节点，以避免消息的重复发送，但这样会降低信息传输的可靠性，而且对于不稳定的无线网络概率阈值的设定比较困难。针对谣传协议的问题，Smart Gossip 协议，在保持信息可靠传输的基础上减少了传输能耗。不同于谣传采用固定的概率阈值，Smart Gossip 采用自适应的阈值来确定节点是否传输消息。节点按照消息的来源和消息传输的次序，将其邻居节点分为父节点、兄弟节点和子节点三个集合。给定信息传输的可靠性要求，则可以估计出每一跳数据可靠传输的上界。

根据该上界和父子节点集合的大小，计算出该节点传输消息的概率，从而在满足总体可靠性的条件下，实现每个节点按照合适的概率传输消息，最终节省数据传输开销。洪泛和谣传可以实现控制信息的全局传输，但对于程序分发和系统配置升级等大数据量的信息传输，全局传输的代价太高，此时可以采用数据传输量较少的局部传输方案。Trickle 协议，节点会向邻居发送其程序的摘要信息，当一个节点收到邻居节点的程序摘要时会与自身的摘要比较，如果发现邻居程序的摘要比较旧，则该节点会将自身的程序发送给该邻居节点；否则向邻居节点发送其程序摘要，以激发邻居节点将程序发送过来。同时，为了节省能量消耗，在一个程序升级周期内，设定摘要发送的最大次数，当达到最大次数则不再发送程序摘要直到下一个升级周期到来。一般节点的下一次升级周期设定为接收到两次摘要的最小间隔，以便下一次在最短时间内获得成功的升级。通常节点的休眠机制会对信息的传输产生延迟，因此控制信息的传输还需要考虑节点休眠机制带来的影响。一种适应节点休眠机制的 RBS 协议。在该协议中，节点将第一次收到的消息即时发送给处于活动状态的邻居，当节点发现其邻居丢失了某条消息或处于休眠状态时，则向下传输该消息。在发送消息的同时，节点将已成功发送的邻居列表传送给下一节点，这样下面的节点会迅速知道哪些节点已经收到该消息，以便对没有收到消息的节点进行重发。

同时，为了节省能量，节点在一个时间片内只向处于活动状态的邻居发送一次消息，即认为处于激活状态的邻居均能成功接收到消息，否则等待下一时间片重新发送消息。控制信息的传输是物联网信息交互和应用服务实现的关键环节。现有的研究工作大多是针对较小规模的网络应用，在洪泛和谣传协议基础上的改进方案。对于大规模网络应用，控制信息的传输还存在许多问题需要探讨，例如控制信息多跳传输的可靠性问题、大规模信息传输的能量问题和信息传输的延迟问题等。

2. 信息交互对象的选择

为了保障网络能可靠持久地工作，在部署无线感知网络时，实际部署的节点比实现网络覆盖或完成交互任务的节点要多，因此在信息交互时一般不需要所有网络节点参与，而是在满足任务要求的前提下，选择合适的节点子集来执行任务，这样可以将其他节点设定为休眠状态，以降低网络能耗。信息交互对象的选择一般以任务需求、目标区域覆盖以及能量有效作为目标约束。以交互任务需求为目标约束的对象选择方法，选择节点的原则是能够有效全面地完成交互任务。一般通过定义节点、局部网络或整个网络的任务执行效用函数来衡量任务的完成程度，并以此作为节点选择的优化目标。基于简单效用函数的节点选择方法，将节点分为空闲、感知、路由、感知或路由四种角色，节点根据其效用函数的计算结果选择自己要承担的角色，并通过相互协调完成交互任务。该方法的优点是效用函数计算简单，但缺点是没有考虑网络部署的空间特性。一种以总的效用最大且能量消耗最小为目标的节点选择方法。该方法采用简化的线性效用函数，在求解时要求每个节点的输出流数量不能超过输入流数量，并且要求节点在感知信息和传输数据时能量不能耗尽。该方法在考虑网络部署的情况下获得了优化的效用函数。信息驱动的节点选择机制，定义信息效用度量来评价节点的信息贡献，选择其中贡献最大的节点执行任务。

该方法在实现了最大化信息收益的同时，获得了较小的延迟。节点的可信度融入了节点的选择算法，通过建立节点的可信模型获得整个网络的可信域，从而在可信域范围内综合考虑节点的信息贡献及通信开销来选择节点。但该方法在建立可信域时开销较大。基于目标区域覆盖的对象选择方法以信息交互目标区域的网络覆盖为约束，通过优化的方式选择节点。基于覆盖控制的节点选择算法，要求未被选择的节点进入休眠状态后，网络的覆盖控制依然得到保障。算法实现时，每个节点会周期性地比较自身与邻居节点的覆盖范围，如果其覆盖范围包含于邻居节点的覆盖范围，则该节点进入休眠状态。所有网络节点划分为多个能完全覆盖目标区域的集合，任一时刻只有一个节点集合处于活跃状态。这样就将节点的选择问题转换为多个节点集合的优化调度问题，并通过最大化网络生存期实现求解。基于网格的节点选择方法，将覆盖区域用一个网格来表示，网格的交叉点代表数据采集点，选择的节点集合要求能覆盖所有数据采集点。在求解时该方法采用分布式算法减少了网络能耗。

CCP 协议可以满足不同网络覆盖的要求。该协议将节点工作状态分为休眠、侦听和活动三种，处于活动状态的节点会定期发送自身的状态信息给邻居节点，这样节点可以通过收集邻居的状态来决定自己的状态。该方法具有灵活可调的网络覆盖率，因此特别适用于大范围、动态变化的网络。能量有效的对象选择方法，以选择的节点集合能量负载均衡和网络生存期延长为约束目标。对能量有效问题进行了深入研究，提出了多种延长网络生存期的方法，其中不相交子集覆盖控制方法将网络生存期的延长作为节点选择的约束。为了提高能量效率，综合考虑近邻节点的剩余能量和簇头节点与近邻节点间的信道状态，提出了一种协同节点选择方案，在实现能量平衡的基础上降低了总能耗。交互对象的选择直接影响着信息交互任务能否完成以及完成的质量。

目前，面向不同的应用已经提出了许多节点选择算法，但现有方法一般都假设网络部署在平面空间，并且节点的覆盖范围通常采用圆形区域，然而实际网络通常都部署在复杂的三维空间里，节点的通信范围受环境因素的影响很大，因此需要结合实际情况研究有效的信息交互对象选择方法。

(三) 网络与内容的信息交互

网络与内容的信息交互主要指以网络基础设施为载体的内容生成和呈现，具体包括感知数据的组织和存储以及面向高层语义信息的数据聚集和数据融合等网内数据处理。关于网内数据处理的相关技术在信息感知部分已有叙述，下面主要分析感知数据在网络中的存储和组织技术。按照数据在网络中的存储位置可以把数据存储方式分为外部存储和局部存储。外部存储指所有感知数据都汇集到汇聚节点并存储，而局部存储则将感知数据保存在感知节点本地。外部存储的数据集中存储方式便于数据管理和数据查询，但将所有数据传输到汇聚节点会产生非常大的传输量。局部数据存储虽然不需要传输大量数据，但数据管理复杂，数据查询成本高，且感知节点有限的存储空间以及节点易于失效等因素会对数据的可用性产生影响。针对外部存储和局部存储的缺点，研究者提出了以数据为中心的存储方式，即按照某种规则将数据分布式保存在网络中的某些节点上。由于这种方式符合无线感知网络的特点，因此已成为无线感知网络数据存储和管理的主流技术。实现以数据为中心的数据存储要根据数据的网络分布特性，设计便于数据管理和查询的网内数据存储规则。

在 DIMENSIONS 小波数据压缩方法中，数据在网络中被组织成四分树结构的金字塔，形成从底层到顶层，由具体到概括的数据存储形式，这种形式可以提供多分辨率的数据存储和访问。将用户感兴趣的信息，通过 Hash

函数散列到网内的一个地理位置附近的节点上存储，在查询时采用相同的Hash 函数可实现信息的快速查询。提出的基于环结构的存储方法，同样利用 Hash 函数将观测到的事件信息保存在信息存储节点周围的一个环结构上，从环上的节点查询信息可以避免存储节点周围出现访问热区。提出了一种基于 Landmark 节点的存储方法。该方法从网络选择一部分节点作为 Landmark 节点，并按照 Landmark 节点的数量将整个网络划分成若干子区域，当某一子区域发生事件后，事件信息被传输到该子区域对应的 Landmark 节点，同时在传输经过的子区域对应的 Landmark 节点上保留副本。

信息查询时，可以从事件传输路径上存储信息的 Landmark 节点快速获取查询结果。随着物联网应用的深入和网络规模的不断扩大，海量网络数据的存储、传输和处理面临严峻的挑战。虽然现有研究工作提出了一些以数据为中心的数据组织和存储方法，并在一些较小规模的无线传感器网络上得到了应用，但对于大规模物联网应用，这些理论和方法还缺乏实践的检验。

（四）用户与内容的信息交互

用户与内容的信息交互是指用户根据数据在网络中的存储组织和分布特性，通过信息查询、模式匹配和数据挖掘等方法，从网络获取用户感兴趣的信息。通常用户感兴趣的信息或者是节点的感知数据，或者是网络状态及特定事件等高层语义信息。感知数据的获取主要涉及针对网络数据的查询技术，而高层信息的获取往往涉及事件检测和模式匹配等技术。信息查询是用户发出查询请求，网络根据数据组织和存储结构选择相应节点执行查询任务，并将查询结果通过网络反馈给用户。信息查询的实现依赖于内容在网络中的组织和存储方式。对于外部存储方式，信息查询直接在汇聚节点执行，采用传统的数据库技术便可实现。

对于局部存储方式，一般通过洪泛的方式实现信息查询，但这种方式查询效率低下。对于以数据为中心的存储方式，需要根据内容的分布特性，并考虑信息查询的效率和能耗因素，研究和设计相应的信息查询技术一种基于抽样技术的 Top-k 查询算法。该算法基于历史观测数据，采用线性规划方法解决 Top-k 查询问题。同样基于历史数据，在节点动态设置阈值处理Top-k 查询，减少了网络传输量。优化查询方法，通过提取公共子操作，使公共子操作的查询结果可以被多个查询使用，从而提高了查询效率。快速查询方法，对节点及其邻居的观测数据建模，查询时选取少量代表性节点，并利用模型估计其他节点的观测值，从而快速给出查询结果。一种基于预测模型的查询算法。该算法在查询节点利用历史数据建立预测模型，并基于此模型对查询结果进行预测，如果预测结果能满足用户要求，则将预测结果作为查询结果；否则启动实际网络查询操作。该算法可以在近似满足用户查询要求的条件下有效减少数据传输量。面向物联网应用的信息查询是全新的信息查询技术，虽然现有工作对以数据为中心的数据查询进行了研究，但这些研究工作还不够深入，进一步的研究需要根据无线感知网络的分布式特性，考虑网络的资源限制和不同的信息需求，研究新型高效的信息查询技术。

第二章　物联网感知技术

第一节　RFID 技术

一、引言

RFID 技术起源于第二次世界大战并已经发展了五十多年了。近年来，由于这种技术成本的急剧下降以及功能的提升，使得零售业、服务业、制造业、物流业、信息产业、医疗和国防领域对 RFID 技术的关注迅速升温。零售巨人沃尔玛在 2004 年 7 月份要求它的前一百名供货商要在 2005 年 1 月份之前全部实行货盘层次的 RFID 管理。与此同时，美国国防部在 2004 年 7 月份发布了他们关于 RFID 政策的备忘录，要求其所有供货商的供货管理必须在 2005 年 1 月份之前实行 RFID 管理。这些举动使得一直处于踌躇不前状态的 RFID 技术获得了空前的关注。

市场调研公司（Allied Business World）报告显示 2002 年全球 RFID 市场规模是 11 亿美元，其中日本占 1.8 亿美元，美国占 6 亿美元；2005 年全球 RFID 市场规模是 30 亿美元；2010 年将达到 70 亿美元。RFID 的市场规模平均增长率为 26%。2004 年中国标准化协会和"物联网"应用标准化工作组做了一个调查，其结果指出：未来三到五年在中国每年至少需要 30 亿个以上 RFID 标签，其中电子消费品将需求 8300 万个标签，香烟产品将需要 8 亿个标签，酒类产品将需要 1.3 亿个，信息电子产品大概需要 13 亿个。值得注意，以上这些数字仅仅涉及商业流通领域的部分产品，而如果再考虑到其他领域，例如现代服务业、制造业、邮政、医药卫生、军事等领域，数字将更加惊人。2013 年 3 月，Gartner 在"SymposiumITXPo2003"上预测：RFID 技术属于最近 2～5 年（2015—2018 年）将逐渐开始大规模应用的技术。根据

ARC 顾问集团的预测：到 2020 年 RFID 仅在全球供应链领域的市场需求将达到 40 亿美元。

发展 RFID 技术是相当必要的，首先比较一下 RFID 与我们目前普遍使用的条形码。RFID 和条形码相比具有很多优点：RFID 的应用层次可以具体到每一个需要识别的物品，而条形码只能给每一类物品进行身份识别。因此在识别能力上来说，RFID 是优于条形码的。除了在识别能力上的区别外，RFID 和条形码相比还有以下优点：不像以条形码为基础的跟踪系统，RFID 系统可以不需直接可视也不需要特定的方向就可以识别多个标签。而条形码必须需要人力资源使用扫描器在可见的狭小范围内才可以识别。RFID 的这种特性可以允许大规模的自动化应用，因此就大规模地减少了手工扫描的工作。RFID 标签存储了更多的信息。标签可以通过编程来储存物品的序列号、颜色、规格、生产日期、所在位置，以及物品在到达最终用户手中之前所经过的所有配送点的列表。

条形码有一些缺点。如果条形码标签被撕掉、污染，就没有办法被识别。标准的条形码只能识别生产商以及商品，不能识别单个的产品。具体地讲，使用条形码只能识别哪一箱牛奶过了保质期，而使用 RFID 识别可以识别这一箱牛奶当中哪一瓶过了保质期。当前 RFID 应用最为热门的领域就是供应链管理领域。同时，供应链管理的研究进展也因为这种技术在该领域中的应用才出现了一些新的研究热点。信息在供应链当中传递的流畅性和准确性以及信息传递对供应链运作的影响一直是供应链管理研究中的热点。

RFID 这种无线技术恰恰可以加速供应链的各个环节之间的信息传达，使供应链的透明化有了从概念到真正实现的可能性。因此 RFID 在供应链管理当中引起热烈的关注丝毫不足为奇。麻省理工学院的 Auto—ID 中心在推动 RFID 的应用和研究，尤其是在 RFID 技术研发以及在供应链管理当中的应用研究方面起到了至关重要的作用。关于 RFID 在供应链领域当中应用的研究除了科研机构的主导，还需要众多企业的配合。Auto-ID 中心就联合了 100 多家世界上知名的大公司在进行相关的研究。其中 IBM、Intel、埃森哲等世界知名公司的工程师和商业咨询师与麻省理工学院的研究者们在一起为推动 RIFD 的发展做出了杰出的成果。目前对于 RFID 在供应链管理中的研究主要集中在以下两个方面：

（1）从供应链中选定某个角度建立定性或者量化模型评估。企业应用RFID的成本与收益库存是供应链研究当中非常重要的指标，供应链中信息的传递对于这个指标的影响很大。应用RFID可以弥补供应链中信息传递不畅的缺点，在提高顾客满意率的基础上，降低安全库存量，降低供应链的管理成本。以（Q，r）策略为例，分别在随机模型和确定性模型下对库存信息的准确度进行了讨论，并且就如何提高库存信息的准确度提出了解决方法，RIFD就是其中最为有效的解决方法。

（2）产品层面上的RF功应用对供应链管理提出了最大的挑战，通过建立数学模型，对比了应用RFID和不应用RFID在零售业的供应链当中产生的成本和收益不同。这种分析框架可以给我们提供一个有益的方向——运用定量的数学模型来衡量RFID应用的效果。这样会给企业是否应用RFID提供一个非常有力的依据。对于RFID在供应链管理当中的应用研究有很大的指导性作用，论文对现有的供应链模型进行了总结，并且结合RFID等智能技术和产品的应用，提出了未来供应链模型的发展方向。虽然这种前瞻性的展望未必能够言中供应链管理的发展路线，但是也为我们提供了一个很重要的参考。

为企业供应链管理应用RFID提供路线图RFID的应用最大的受益主体还是企业，最大的应用主体也是企业。目前很多研究都在试图为企业的供应链管理应用RFID提供路线图和框架性的指南。对RFID的采用路线、产生的收益以及企业应用RFID的四步走的框架作了详细的讨论。

以供应链中特定环节为研究对象，研究RFID如何在供应链管理中产生收益供应链当中有许许多多的环节都可以单独拿出来作为研究对象，运输、配送中心运作、零售业补货、制造过程……这些环节都被研究者作为RFID应用的重要环节加以研究。对货物代理运输中的RFID应用进行了详尽的讨论，本书中指出RFID在提高运作效率、提高货物代理运输企业赢利能力、资产利用和管理、质量管理和控制等方面都大有用武之地。对配送中心运作当中的RFID应用进行了研究，文章对配送中心和仓库管理中容易产生错误和损失的环节进行了分析，并且针对这些薄弱环节提出了相应的RFID解决办法。文章还通过三类案例，以配送中心为切入点，描述了 RFID 在配送中心当中的应用对供应链产生了怎样的影响。分析在零售商店的补货策略当中如何应用 RFID。针对 RFID 如何改变零售业的补货策略，以达到提高顾客满意率的目的进行了探讨。

为特定行业的供应链管理提出 RFID 的应用方案或者对特定企业的 RFID 应用进行研究美国国防部的后勤以及工业补给品的 RFID 应用计划引起了很多研究者的注意，对美国国防部的后勤和工业补给系统进行了分析，并且从效率的角度分析了应用 RFID 系统给美国国防部带来的好处。人类社会进入了电子信息化的快速发展时代，RFID 作为其中的一项关键和新技术得到了许多工业发达国家的高度重视和大力推行。在中国 RFID 已经成为为政府和企业的一项重要产业。本文的目的是综述 RFID 技术及其应用领域，提供一个从 RFID 的工作原理到商业化应用的系统性认识，RFID 技术的发展现状与未来挑战。

二、RFID 技术综述

基本的 RFID 系统由 RFID 标签、RFID 阅读器及应用支撑软件等三部分组成。同时，这个也显示了三种不同形式的 RFID 标签。RFID 标签是由芯片与天线组成，而每一个标签都具有唯一的电子编码。在具体应用中，标签附在物体上以标识目标对象。RFID 标签依据发送射频信号的方式不同，分为主动式和被动式两种。

主动式标签主动向读写器发送射频信号，通常由内置电池供电，又称为有源标签；被动式标签不带电池，又称为无源标签，其发射电波及内部处理器运行所需能量均来自阅读器产生的电磁波。被动式标签在接收到阅读器发出的电磁波信号后，将部分电磁能量转化为供自己工作的能量。主动式标签通常具有更远的通信距离，其价格相对较高，主要应用于贵重物品远距离检测等应用领域；被动式标签具有价格便宜的优势，但其工作距离、存储容量等受到能量来源的限制。RFID 标签根据应用场合、形状、工作频率和工作距离等因素的不同采用不同类型的天线。一个 RFID 标签通常包含一个或多个天线。天线设计是 RFID 标签的核心技术之一。

RFID 阅读器的主要任务是控制射频模块向标签发射读取信号，并接收标签的应答，对标签的对象标识信息进行解码，将对象标识信息连带标签上其他相关信息传输到主机以供处理。根据应用不同，阅读器可以是手持式或固定式。当前阅读器成本较高，价格在 1000 美元左右，而且大多只能在单一频率点工作。

未来阅读器的价格将大幅降低，并且支持多个频率点，能读器与企业应用之间的相关软件。这些中间件是 RFID 技术的一个重要组成部分。该中间件为企业应用提供一系列计算功能，在电子产品编码规范中被称为专家软件（Savant）。其主要任务是对阅读器读取的标签数据进行过滤、汇集和计算，减少从阅读器传往企业应用的数据量。同时专家软件还提供与其他 RFID 支撑系统进行互操作的功能。专家软件定义了阅读器和应用两个接口。一个完整的 RFID 系统还需要物体名称服务系统和物理标记语言两个关键部分。用户可以根据工作距离、工作频率、工作环境要求、天线极性、寿命周期、大小及形状、抗干扰能力、安全性自动识别不同频率的标签信息。和价格等因素选择适合自己应用的 RFID 应用支撑软件除了标签和 RFID 系统。

三、RFID 的关键问题

由于没有任何一种技术的相关应用可以自动解决所有存在的问题，所以 RFID 也不例外。在成功实施 RFID 之前，存在一些关键性的技术问题需要实施者给予足够的重视。在下面我们给出一些简单讨论。

（一）准确度与作业环境影响

目前，阅读器辨别水平还没有达到在任何时间任何条件下阅读准确度都能够达到 100%。这样，阅读器的准确度不能得到严格保证，从而信息的出错率就不能降到最低。环境影响、贴标签物品的材质、一次阅读标签的数量都会影响到阅读的精确度。世事无绝对，但是对于一个想绝对依靠数据来提高为顾客服务水平的企业来说，如果 RFID 不能够提供足够高的信息精确度，其应用无疑不会受到企业的欢迎。针对这种情形，我们可以通过设置冗余阅读器以及改善阅读流程来提高准确度，但是最终的解决办法还是需要标签和阅读器研发制造企业提供更加数据采集准确度很高的产品，以支撑

RFID 的应用。贴上标签的产品如果是由反射射频信号的金属制造的，就会引发缩小操作范围的问题。使用塑料材质的包装可以解决这个问题，但是塑料材质又会引发容易遭到污损和破坏的问题。研究发现，在物料操作中尤其是在仓库中的叉车操作中，重复使用标签会导致一些严重的问题，而且有很多基于无线电的技术会对 RFID 系统造成干扰，从而导致很多问题。这是在选择技术的时候，尤其是在考虑电缆和其他通讯设施的时候需要重点考虑的问题。为了找出是否存在这种问题，我们非常有必要实施一些测试措施。

(二) 成本问题

注意到 RFID 技术可以带来收益之外，我们需要考虑实施这种技术所需的人力、物力和财力投资。标签成本和阅读器成本都是重要的方面。现在，RFID 公司最关注的技术领域就是如何降低标签和阅读器的成本，考虑降低由于系统集成、安装和实施应用方案时所产生的成本。一个复杂的 RFID 系统肯定会影响到现有的业务流程，也会要求有相应的人员培训和业务流程重组；其服务成本和系统维护成本也是需要着重考虑的议题。对于整个集成化的供应链来说，还会有谁来投资，谁来受益的问题。

(三) 数据结构与系统集成

在产品项目层次实施 RFID 必然会产生大量需要处理的数据，如果只是在货盘层次，或者集装箱货柜层次上面实施 RFID，那数据量就会大大减少，但是那也不意味着数据问题可以不考虑。进步来说，考虑编码系统的全球标准问题是一个十分重要的课题。在 RFID 实施中的另一重大挑战就是如何把原有的系统和 RFID 系统整合起来。一些软件提供商在开发 RFID 的应用软件，这些应用软件可以把新的 RFID 系统和原有的系统进行无缝的连接。这些应用软件可以在很多问题仁有所帮助，比如在缺乏统一标准的情况下，这些软件提供一些不同标准之间的转换方法。

(四) 隐私权与安全性

RFDI 实施过程当中，隐私权成为普遍的关注问题。有很多人对于他们的行动和购买习惯被自动跟踪感到很不安，他们认为这是事关个人隐私的问题。为了应对这些担忧，RFID 的支持者们提出零售业的 RFID 标签可以加上一个开关，在商品出售之后可以把这个标签"关掉"。尽管标签还会继续留在商品里面，但是只要关掉了这个标签，它就再也不能接收和发出信息了。还有一些关于隐私权的担忧是关于 RFID 标签本身可以设定地址的性质。RFID 标签的识别范围太小，以至于不能在私人空间范围之外获取标签上面的信息。由于建筑材料可以消解一部分射频信号，所以这就导致信号减弱，以至于妨碍了在建筑物之外获取建筑物里面的信息。如果可以有足够强的信号让人获取信息，那么就会更加侵犯人们的隐私权。

只要有可以自动存储和跟踪个人资料的技术存在，隐私永远都是一个需要考虑的问题。比如在交通系统当中使用的公共交通缴费卡，就可以很容易地获取人们活动的数据。因此不管是政府还是企业在实施 RFID 的时候，都需要事先告诉公众这个系统搜集了哪些信息，信息的保密措施是怎么样的。如果公众没有在隐私权的保护上有足够的安全感，那么 RFID 的推行将会遇到极大的阻力。为了避免 RFID 标签给客户带来关于个人隐私的担忧，同时也为了防止用户携带安装有标签的产品进入市场所带来的混乱，很多商家在商品交付给客户时把标签拆掉。这种方法无疑增加了系统成本，降低了 RFID 标签的利用率，并且有些场合标签不可拆卸。为解决上述安全与隐私问题，人们还从技术上提出了多种方案，一个在它的供应链管理当中实施的公司绝对不希望它的对手跟踪它的货物和库存情况；一个实施 RFID 系统的国防部门绝对不希望其他国家进入他们的武器采购目录数据库。使用嵌入了 RFID 标签的信用卡的人肯定也不希望其他人用 RFID 读取设备不经允许获取他们的账户信息。

这些都是一些容易受到攻击的安全漏洞，需要在 RFID 技术中提出解决办法。一些研究者提出了授权读取的模式，也就是只有被标签授权的阅读器才可以读取标签当中的信息。标签当中储存了被授权阅读器的序列号，阅读器在读取标签信息之前必须先向标签传送自己的序列号才能获准读取标签里面的信息。为了保护阅读器唯一的序列号，可以采用固定的或者动态的加密方式来对这个序列号进行加密。如果标签没有鉴别出阅读器的序列号，那它就会拒绝阅读器读取其存储的信息。

第二节　传感器技术

一、智能传感器概述

近年来，测控领域对传感器性能的要求越来越高。比如航天飞机上的检测项目有飞行速度、位置、姿态及机舱内温度、压力、加速度、空气成分等，这些参数都是用传感器检测的。为保证飞行过程的安全可靠，不仅要求传感器测量精度高、反应迅速、工作稳定，而且要求具有数据分析处理和存储功能，同时能够实现分析判断、远程通信等功能。又如在工业方面有时需要把多台异地传感器的数据进行浏览和共享等。可见，传统测控传感器由于其检测功能比较单一、体积较大、性能不完善等特点，已不能满足应用需求，此时必须使用性能更好的传感器才能完成不同测控项目的测量。随着计算机、微处理技术、半导体集成技术的发展，微处理器和存储器不断进步，敏感元件与信号处理电路有可能集成在同一芯片上，使传感器能够实现更完善、更先进的功能，故智能传感器将成为现实。智能传感器是一种带微处理器具有数据检测分析和处理和逻辑判断功能的传感器。它涉及微机械、微电子、信息处理、计算机技术、传感器检测、监控技术等。智能传感器是将传感器信息检测的功能与微处理器（CPU）处理信息的功能有机地结合起来，它弥补了传统传感器性能的不足。信号的输出方式可以采用串行或者并行输出。

二、智能传感器的功能

智能传感器比传统传感器在功能上有了极大的提高，具有自校准和自诊断、自动进行分析、判断和处理、数据的存储和记忆等功能；另外标准化数字输出可方便地与计算机或接口总线相连，这是智能传感器关键的标志之一。

三、智能传感器的实现途径

通常普通的传感器只在本身各个环节进行精心设计与调试，而智能传感器则是增加微处理器，采用集成电路和芯片等，再配备强大的软件来实现的。

（一）非集成化

非集成化智能传感器是在传统非集成传感器的基础上改装而成的。它主要是附加一块有数字总线的微处理器，并配备有可用于控制、校正和补偿、诊断的智能化软件，实现传感器的智能化。例如美国罗斯蒙特公司生产的电容式智能压力（差）变送器，就是在原有传统非集成化电容式变送器的基础上附加了一块带有数字总线接口的微处理器后组装而成的。

（二）集成化

大规模集成电路技术和微机械加工技术的迅猛发展，为传感器向集成化、智能化方向发展奠定了基础，集成智能传感器在应用领域成为传感器发展的新趋势。这种传感器采用微机械加工技术和大规模集成电路工艺技术，利用硅材料来制作敏感元件、信号调制电路以及微处理器单元，并把它们集成在一块芯片上。因此亦称硅传感器或单片集成传感器。集成智能传感器具有微型化和结构一体化的优势，从而提高了精度和稳定性。集成化智能传感器为达到很强的自适应性、精度高、可靠性与稳定性较好的特点，经常采用两种趋势，一是多功能与阵列化，配备软件信息处理功能；二是发展谐振式传感器，配备软件信息处理功能。例如美国霍尼韦尔公司在 20 世纪 80 年代初期生产的 ST-3000 型智能压力和温度变送器，就是在一块硅片上制作了可感受压力、压差及温度三个参量的敏感元件。

（三）混合实现

根据需要将系统各个集成化环节，如敏感单元、信号处理单元、微处理器单元、数字总线接口等，以不同的组合方式集成在两块或三块芯片上，并装在一个外壳里，则构成混合式智能传感器，这种方式容易实现，因此目前这类结构传感器的使用比较广泛。

四、智能传感器未来发展趋势

智能传感器技术是一门涉及多种学科、多个领域的高新技术，随着当前科学技术的不断提高，其主要发展趋势及新技术包括以下几个方面。

（一）微传感器

近年来微电子机械加工技术（MEMT）已获得飞速发展，成为开发新一代微传感器、微系统的重要手段。微传感器主要包含微型传感器、CPU、存储器和数字接口，并具有自动补偿、自动校准功能，其特征尺寸已进入到从微米到纳米的数量级。微传感器的优点有小体积、低成本、高可靠性等优点。比如，利用 MEMT 技术加工生产的加速度计，已是汽车安全气囊触发器的首选产品。还有利用 MEMT 研制出了新一代喷墨打印头和用来测量血液流量的微型压力传感器。

（二）多传感器数据融合

数据融合技术是 20 世纪 70 年代初由美国最早提出的。与单传感器测量相比，多传感器融合技术具有无可比拟的优势。例如，当人们用单眼和双眼分别去观察同一物体，这时在大脑神经中枢所形成的影像就不同，双眼观察更具有立体感和距离感，这主要是因为用双眼观察物体时，由于两眼的视角不同，所得到的影像也不同，经过融合后会形成一幅新的影像，这就是一种高级融合技术。多传感器数据融合技术原理同人脑处理信息的过程相似，它先利用多个传感器同时进行信息检测，然后用计算机对这些信息进行综合分析处理和判断，得到监控对象的客观数据。采用多传感器数据融合技术可提高信息的可信度，增加监控目标特征参数的种类和数量，可获得一个全方位、全面的检测数据。比如普通汽车上大约装有十几只传感器，分别安装在汽车发动机控制系统、底盘控制系统和车身控制系统中，用来检测温度、压力、转速和角度、流量、位置、气体浓度等。

此外还有振动、变速器、悬架系统控制、动力转向系统、汽车防抱死系统、车身控制用等方面的传感器；数据融合技术应用在飞机上可以同时检测飞行速度、位置、姿态及机舱内温度、压力、加速度、空气成分等，提高了飞机的监控精度。因此传感器的数据融合可以提高监控目标的综合性能指标。该项技术也同样适用于卫星导航、工业自动化、医学诊断等多个测控领域。通常在多传感器融合时可将多个相同传感器（或敏感元件）集成在同一个芯片上，也可把不同类的传感器集成在一个芯片上。

(三) 网络化

计算机网络技术和智能传感器相结合就形成了网络化智能传感器。网络化就是监控现场就近登录计算机网络，这样可使传统测控系统的信息采集、数据处理等方式产生质的飞跃，能够实现各种现场数据直接在网络上传输、发布与共享。多台异地传感器也可以利用 Internet 网络这个平台，进行信息互换和浏览。传感器生产厂家也可以直接与异地用户进行信息交流，比如进行传感器故障诊断、用户指导和维修等工作。随着网络技术的发展，测控系统特别是远程测控正向网络化、分布式和开放式的方向发展，网络化智能传感器系统将会获得越来越广的应用。美国 Honeywell 公司推出的网络化智能精密压力传感器，它将压敏电阻传感器、A/D 转换器、微处理器、存储器和接口电路于一体，不仅达到了高性能指标，借助于网络方便了用户进行信息传输和共享，被广泛使用于工业自动控制、环境监测、医疗设备等领域。近几年，各种基于网络的嵌入式网络测控系统也得到了迅速发展。

(四) 蓝牙传感器

"蓝牙"（Bluetooth）技术是一种能取代固定式或便携式电子设备上的电缆或连线的短距离无线通信技术，蓝牙芯片可安装在任何数字传感器测控设备中，实现无阻隔的无线数据传输。美国北欧集成电路（Nordic）公司先后推出基于蓝牙技术的射频收发器，它可以广泛用于遥测遥控、工业控制、数据采集系统、车辆安全系统，德国正在研制一种只有豌豆大小的无线传感器网络系统，供操纵机器人、监护病人使用。

(五) 纳米和生物传感器

国外已经研制出了基于纳米和生物技术的分子级电器，比如纳米开关、纳米电机等；此外利用微电子技术集成的微生物传感器化学分析系统也广泛用于医疗卫生、生物制药、环境监测等领域进行相关数据的检测和分析，其效率是传统检测手段的成百上千倍。国内外已研制出多种生物芯片，如基因芯片、蛋白质芯片，还有可置入人体的生物芯片等。

(六) 智能材料的开发利用

智能材料可以由敏感元件或传感器等和传统材料结合而形成。智能材料和普通材料相比它的特点是具有自我诊断，自我修复，并可根据实际情况实现控制功能—发出优化反应。未来智能材料开发利用主要包括数据信息注入材料的途径、方式以及功能效应、信息流在智能材料内部的转换机制等。

智能传感器和传统传感器相比在精度、可靠性、信噪比分辨率、自适应性等方面都有优势。它将对人类未来的生活产生深远影响。它改变了原有传统传感器的设计理念和应用模式，代表着将来传感器技术的发展趋势。它将微处理技术引入传感器，使传感器具有了一定的智能。它在信息获取、处理等方面提供了一种全新的方法，增加了检测参数的种类、数量，提高了信息处理技术，可获得一个全方位、全面的检测数据，特别适用于工作人员不适合直接测量的监控领域。智能传感器由于其几乎包括了仪器仪表的全部功能，随着控制技术、微机电和纳米、智能材料的开发等新技术的不断发展和应用，其功能将会得到进一步完善，性能将会进一步提升，也必将推动测控技术的不断发展。

第三节 机器视觉技术

一、机器视觉技术的发展历程

机器视觉的研究始于20世纪50年代二维图像的模式识别。60年代，美国学者罗伯兹提出了多面体组成的积木世界概念，其中的预处理、边缘检测、对象建模等技术至今仍在机器视觉领域中应用。70年代，David Marr 提出的视觉计算理论给机器视觉研究提供了一个统一的理论框架；同时，机器视觉形成了目标制导的图像处理、图像处理和分析的并行算法、视觉系统的知识库等几个重要分支。自从2016年以来，对机器视觉的研究形成了全球性热潮，处理器、图像处理等技术的飞速发展带动了机器视觉的蓬勃发展。

新概念、新技术、新理论不断涌现，使得机器视觉技术历久弥新，一直是非常活跃的研究领域。机器视觉技术应用广泛，涵盖了工业、农业、医药、军事、交通和科学研究等许多领域。目前，最先进的机器视觉技术仍然由欧美、日本等国家掌握，发达国家针对工业现场的应用开发出了相应的机器视觉软硬件产品。中国目前正处于由劳动密集型向技术密集型转型的时期，对提高生成效率、降低人工成本的机器视觉方案有着旺盛的需求，中国正在成为机器视觉技术发展最为活跃的地区之一。长三角和珠三角成为国际电子和半导体技术的转移地，同时也就成为了机器视觉技术的聚集地。

许多具有国际先进水平的机器视觉系统进入了中国，国内的机器视觉企业也在与国际机器视觉企业的良性竞争中不断茁壮成长，许多大学和研究所都在致力于机器视觉技术的研究。2015年和2016年中国机器视觉市场迎来了爆发式增长，市场规模分别达到8.3亿元和10.8亿元，其中智能相机、软件、板卡、工业相机的增长速度都远超中国整体自动化市场的增长速度。机器视觉市场70%的市场份额由电子、汽车、制药和包装业占据。

二、机器视觉系统的组成和应用

顾名思义，机器视觉就是给机器人安装人的视觉模拟系统，用机器人代替人眼来进行测量和判断。机器视觉是一个涉及光学成像、计算机软硬件技术、人工智能、控制技术、图像处理技术和生物学等多领域综合和交叉的领域。机器视觉是运用光学设备和非接触传感器自动接收、处理真实的物体图像，分析图像以获取所需信息或控制机器运动的设备。机器视觉系统输入的是从目标获取图像，然后分析图像，输出的是一个与目标相关的描述。对目标的描述通常不是唯一的，只需要那些可以进行正常操作的描述。这些描述包含目标的某些信息，这些信息可用于实现某些特殊任务。可将机器视觉系统看作是与环境相交互的大系统的一个子系统，机器视觉子系统反馈目标场景的信息，大系统的其他部分则用于做出决策和执行决策。设计一个通用的机器视觉系统是困难的，建立一个在可控环境下处理特殊任务的子系统才是努力的方向，这些子系统可以用于多用途的系统中。

一个典型的机器视觉系统一般包括以下几个部分：完成图像获取的光源、镜头、摄像头和图像采集单元；完成图像处理的工控主机和图像处理软件；完成判决执行的电传单元和机械单元。光源直接影响机器视觉系统输入数据的质量和应用效果，应针对每个特定应用选择相应的照明以达到最佳效果。镜头对分辨率、对比度、景深和像差等几个最重要的成像质量指标都有影响。相机是机器视觉的核心部件，其图像采集质量的好坏直接影响后期图像处理的速度和效果，要选取一个各项指标都满足要求的相机。由于图像视频信号所包含的信息量很大，因此需要能够将数据高速传送给存储器的图像采集卡。

有些采集卡还带有内置的多路开关，可以连接多个不同的摄像机。图像处理是对原始图像进行一系列处理，以滤除无用信息、增强有用信息的过程，包括图像增强、图像分割、图像压缩、特征提取和模式识别等方法。机器视觉软件则是实现这些机器视觉方法的相关算法。机器视觉系统用照相机拍摄目标而形成图像信号，获得目标的像素、亮度和颜色等形态信息，图像处理系统对这些信息进行各种运算来提取目标的特征，最后，系统根据这些特征实现自动识别功能或根据判别的结果来控制现场设备。目前的机器视觉系统按工作平台可分为基于PC的机器视觉系统和嵌入式的机器视觉系统。前者是目前机器视觉的主流，但其价格贵，对工作环境的适应能力不强，后者是机器视觉的发展趋势，其性价比高、适应性强。机器视觉系统的基本特点是速度快、信息量大、精度高和非接触，能够极大地提高生产的灵活性和自动化程度。

在一些不适合人工作业的环境、人工视觉难以满足要求或有大批量重复性操作的场合，用机器视觉代替人工视觉可以大大提高生产效率。机器视觉的应用包括工业应用和科学研究两大方面，由于工业应用的视觉环境是可控的，机器视觉的任务是明确的，所以机器视觉在工业应用中所取得的成果比所获取信息不明确的科研领域更为丰硕。机器视觉在工业应用中主要是工业检测和机器人视觉。机器视觉系统可以快速获取和自动处理大量信息，也易于同设计和加工控制信息集成，所以机器视觉被广泛用于工业检测。机器视觉检测功能包括有外观检查、缺陷检测、面积检测、数量检测和尺寸测量等。检测结果是控制生产过程的重要指标，对生产效率和质量都有着直接的影响。机器人视觉用于指导机器人进行大范围的操作，比如料斗拣取问题，小范围的操作还需传感器技术。在科学研究中，机器视觉主要用于分析目标的运动和变化规律、材料分析和生物分析等。机器视觉许多行业都有着广泛的应用，机器视觉几乎可以用到所有需要人眼的场合。机器视觉的应用有

40%以上用在半导体和电子行业，比如电镀不良检测、器件污点检测、仪表按键位置错误检测。

在包装行业中，机器视觉可用于污点检测、二维码读取和 OCR 字符识别等。在医疗行业，机器视觉用于医学图像分析、染色体分析、内窥镜检查和外科手术等。在交通行业中，机器视觉可以用于流动电子警察、十字路口电子警察，电子卡口和治安卡口等。在军事上，机器视觉用于武器指导、无人机和无人战车的驾驶等。机器视觉在各行业中充分发挥无可比拟的优越性，极大地提升行业的技术水平。

三、机器视觉技术的发展趋势

机器视觉被认为是自动化业的一个前景光明的细分市场。目前全球机器视觉市场总量大概在 70 亿 ~ 80 亿美元，按照每年 8.8％ 的速度增长。在中国，加工制造业的发展对机器视觉的需求逐步上升，制造业劳动力相对不足、人工成本高涨、高级技工严重缺乏等诸多问题的呈现，使得电子制造厂商采购大量自动化设备来取代人工，机器视觉产业市场规模将保持稳定增长，预计到 2018 年，全球机器视觉市场将达到 50.43 亿美元，包括中国在内的其他国家机器视觉占比将达到 21％，市场规模将达到 10.59 亿美元。

机器视觉的发展有几个趋势。中国视觉市场饱和度低发展空间大，整个机器视觉市场自动化产品应用水平偏低，市场远未饱和。高端的配件和软件算法仍由国外企业垄断，国内厂商多停留在系统集成和服务阶段，机器视觉在电子制造业、汽车制造业、包装业、机械制造业等相关行业的发展空间还比较大，在各行业的发展速度不断加快。机器视觉系统的价格在持续下降，同时市场需求迅速扩大。嵌入式的机器视觉系统将成为发展趋势，嵌入式视觉系统是将先进的计算机技术、半导体技术、电子技术和各个行业的具体应用相结合后的产物。嵌入式系统可以进行实时视觉图像采集、视觉图像处理控制，具有结构紧凑、成本低、功耗低的特点。对于有处理速度和成本要求的专用机器视觉控制系统，可以不需要使用计算机，使得系统具有安装方便、配置灵活、便于携带等优点。嵌入式系统绝大多数都采用 C 语言进行开发，开发效率高、周期短，产品可靠性高、易于维护和升级。机器视觉系统与其他传感技术相融合。多传感器信息融合是利用计算机技术将来自多传感器的信息和数据进行分析和综合的信息处理过程，实际上是对人脑处理复杂问题的一种功能模拟。

与单传感器相比，多传感器技术在探测、跟踪和目标识别方面能够提高系统的可靠性和健壮性，增强数据的可信度，提高精度，增加系统的实时性。机器视觉系统易于向多传感器信息融合技术拓展，解决单一视觉系统的局限性。机器视觉的发展有数字化、智能化和实时化的趋势。机器视觉的数字图像处理、LED 光源控制器和目标识别等方面都需要数字化；在智能专用装备领域，机器视觉在智能化大型施工机械和农业机械方面的应用都在稳步发展；而流水线对机器视觉的实时性要求都很高。随着机器视觉技术及其相关技术的不断提升，机器人与正常人之间的视觉能力差距在不断缩小，视觉技术的成熟和发展会使其在制造企业中得到越来越广泛的应用。

第三章 物联网传输技术

第一节 无线传感网络

无线传感网络 WSN（Wireless Sensor Network）是一种自组织网络，通过大量低成本、资源受限的传感节点设备协同工作实现某一特定任务。它是信息感知和采集技术的一场革命，是 21 世纪最重要的技术之一。在气候监测，周边环境中的温度、灯光、湿度等情况的探测，大气污染程度的监测，建筑的结构完整性监控，家庭环境的异常情况，机场或体育馆的化学、生物威胁的检测与预报等方面，WSN 将会是一个经济的替代方案，有着广泛的应用前景。

一、无线传感网络的组成和特点

无线传感网络是由数据获取网络、数据分布网络和控制管理中心三部分组成的。其主要组成部分集成有传感器、数据处理单元和通信模块的节点，各节点通过协议自组成一个分布式网络，将采集来的数据通过优化后经无线电波传输给信息处理中心。

无线传感网络的节点的数量巨大，而且处在随时变化的环境中，这就使它有着独特的特点：

（1）无中心和自组网特性

在无线传感网络中，所有节点的地位都是平等的，没有预先指定的中心，各节点通过分布式算法来相互协调，在无人值守的情况下，节点就能自动组织起一个测量网络。而正因为没有中心，网络便不会因为单个节点的脱离而受到损害。

（2）网络拓扑的动态变化性

网络中的节点是处于不断变化的环境中，它的状态也在相应地发生变化，加之无线通信信道的不稳定性，网络拓扑因此也在不断地调整变化，而这种变化方式是无人能准确预测出来的。

（3）能量受限制性

无线传感网络中每个节点的电源是有限的，网络大多工作在无人区或者对人体有伤害的恶劣环境中，更换电源几乎是不可能的事，这势必要求网络功耗要小以延长网络的寿命，而且要尽最大可能地节省电源消耗。

（4）传输能力的有限性

无线传感网络通过无线电波进行数据传输，虽然省去了布线的烦恼，但是相对于有线网络，低带宽则成为它的天生缺陷。同时，信号之间还会相互干扰，信号自身也在不断地衰减。因为单个节点传输的数据量并不算大，这个缺点还是能忍受的。

（5）安全性

无线信道、有限的能量、分布式控制都使得无线传感网络更容易受到攻击。被动窃听、主动入侵、拒绝服务则是这些攻击的常见方式。安全性在无线传感网络的设计中至关重要。

二、无线传感网络研究的热点问题

（一）网络自组织与自我管理

由于应用环境的限制，无线传感网络必须是自我部署的。无线传感网络采用无线方式的自组网结构，传感节点被随意放在监测区域后，进入自启动阶段，并发出信号与邻居节点联系，记录邻居节点的位置信息及工作情况并送回一个基站。基站根据记录信息制定整个网络的拓扑。无线传感网络的网络拓扑一般有三种形式：基于簇的分层结构、基于网的平面结构、基于链的线结构。这三种结构在不同的应用环境下各有利弊，网络自组织管理的目标是根据节点能量状况，合理地分配任务，有效延长网络寿命。当发生节点失效时，产生新的拓扑在层次结构中。网络自组织管理还需要解决簇的自动生成、簇头的选举问题。

（二）节点定位

在无线传感网络的应用中，观察者往往需要根据获得的数据信息到监测区域做出相应的处理（例如：监测森林大火，如果测得某一处温度高于80摄氏度，就应该赶往该处灭火）。所以节点所采集到的数据必须结合其在测量坐标系内的位置信息才有意义。而且节点的位置信息还可用于提高路由效率，为网络提供命名空间，向部署者报告网络的覆盖质量，实现网络的负载均衡和网络拓扑的自配置。无线传感网络实现节点定位基本思想是通过测量射频信号强度、到达的角度、到达的时间等。目前主要的研究方向一是如何预先摆放一定量的专用定标节点，其他普通节点随机摆放可以取得更好的效果。另一个挑战是在两个距离很小的节点间如何估计其位置关系。

（三）能量问题

无线传感网络中节点由有限的电池供能，基于能源的计算显得尤为重要。从程序运行的方式到数据通信的方式都要达到节约能量、空间和成本的最优化。对于长寿命的应用，无论是节点本身还是通信协议的设计都需要不同模式的能源管理，应该合理地在工作与休眠状态间切换。通过在系统软件体系，包括操作系统、应用层以及网络层协议，增加能源有效性的设计理念，能大大延长传感网络的生命周期。能源有效性的 MAC 协议也是研究的一个热点。传统的无线网络在 MAC 协议的设计上会以吞吐量、带宽利用率、公平性和延时作为设计要点，而对于受到能源限制的无线传感网络而言，服务质量不是首要的考虑因素，反而会因为节约能量而牺牲服务质量。载波监听多点接入（CSMA）在自组传感器网络中最为常用，这主要是因为它易于实现，但更重要的是它可提高大型网络的信道复用率。带有应答握手信号的循环冗余校验等通用错误检测技术在传感器网络中十分有效。将数据链路层应答（节点对节点）和网络层应答（端对端）灵活地结合起来便可实现满足性能要求的传输层功率，并达到期望的功耗水平。

（四）其他问题

在无线传感网络中，由于各个节点互相独立，只能通过无线链路进行通讯，时间同步比较困难，而在一些运用场合如位置定位系统、跟踪系统等这个需求变的很重要，针对这方面的研究也很多。除了传统网络的时间同步协议 NTP（Network Time Protocol）之外，J.Elson 和 D.Estrin 提出了一种创新性的、简单实用的同步策略 RBS（Reference Broadcast Synchronization），并分析了在单跳和多跳网络中实现方法，同时在实际的声音定位系统中进行了运用，取得了很好的效果。定位、跟踪作为无线传感网络的一个很有前景的应用领域，引起了人们极大的研究热情。在全球范围内有 GPS（Global Positioning System）定位系统，但对一些小范围，如室内环境，GPS 就无法发挥其功能，这就可以利用无线传感网络来实现。

三、无线网络安全

无线传感器网络（Wireless Sensor Network，WSN）作为无线 Adhoc 网络的一种，具有单节点花费较低，能够实现大规模部署，满足一些特定应用的特点，但也有单个节点的处理、存储能力较低，部分资源受限等缺陷，且节点大多运行在无人值守的情况下。为了保证网络的可用性，对节点自身和整个网络的设计需要充分考虑到这些特点。早期的工作主要集中于协议的设计，近年的研究工作开始给予安全工作充分的重视，特别是无线传感器网络由于其特点导致的特殊安全问题。

（一）与安全相关的特点

WSN 与安全相关的特点主要有以下几点：

1. 单个节点资源受限，包括处理器资源

存储器资源、电源等。WSN 中单个节点的处理器能力较低，无法进行快速的高复杂度的计算，这对依赖加解密算法的安全架构提出了挑战。存储器资源的缺乏使得节点存储能力较弱，节点的充电也不能保证。

2. 节点无人值守，易失效，易受物理攻击

WSN 中较多的应用部署在一些特殊的环境中，使得单个节点失效率很高。由于很难甚至无法给予物理接触上的维护，节点可能产生永久性的失效。另外，节点在这种环境中容易遭到攻击，特别是军事应用中的节点更易遭受针对性的攻击。

3. 节点可能的移动性

节点移动性产生于受外界环境影响的被动移动、内部驱动的自发移动

以及固定节点的失效。它导致网络拓扑的频繁变化，造成网络上大量的过时路由信息以及攻击检测的难度增加。

4.传输介质的不可靠性和广播性

WSN中的无线传输介质易受外界环境影响，网络链路产生差错和发生故障的概率增大，节点附近容易产生信道冲突，而且恶意节点也可以方便地窃听重要信息。

5.网络无基础架构

WSN中没有专用的传输设备，它们的功能需由各个节点配合实现，使得一些有线网中成熟的安全架构无法在WSN中有效部署，需要结合WSN的特点做改进。有线网安全中较少提及的基础架构安全需要在WSN引起足够的重视。

6.潜在攻击的不对称性

由于单个节点各方面的能力相对较低，攻击者很容易使用常见设备发动点对点的不对称攻击。比如处理速度上的不对称、电源能量的不对称等，使得单个节点难以防御而产生较大的失效率。

（二）WSN安全需求

针对以上特点，WSN的安全需要考虑以下一些问题：

1.节点的物理安全性

节点无法绝对保证物理上不可破坏，只能增加破坏的难度，以及对物理上可接触到的数据的保护。比如提高节点的物理强度，或者采用物理入侵检测，发现攻击则自毁。

2.真实性、完整性、可用性

需要保证通信双方的真实性以防止恶意节点冒充合法节点达到攻击目的，同时要保证各种网络服务的可用性。另外还要保证数据的完整性和时效性，对于一些特定的应用还要保证数据的保密性。

3.安全功能的低能耗性

由于常用的加解密和认证算法往往都需要较大的计算量，在应用到WSN中时需要仔细衡量资源消耗和达到的安全强度，挑选合适的算法以尽量小的资源消耗得到较好的安全效果。

4. 节点间的合作性

WSN 网络中的许多应用都需要节点间保持一定的合作，但节点趋向于尽量降低资源消耗的特点与其合作性有一定的矛盾，另外，恶意节点的行为也往往具有明显的自私性。

5. 攻击容忍

单点失败或恶意节点的不合作行为，使得拓扑发生变化从而导致路由错误，需要 WSN 具有自我组织性以避免这种情况。另外，网络也需要能容忍伪造、篡改、丢弃包等恶意行为。

6. 攻击发现和排除

WSN 应能及时发现潜在的攻击行为，并尽快消除恶意行为给网络带来的影响，比如隔离恶意节点将攻击流量拦截在网络之外，以收回被攻击者占据的网络资源。WSN 安全要求很难在一次实施中全部满足，已有的工作主要针对部分安全要求和攻击提供对应的防御方法。

(三) 攻击

1. 物理节点攻击

物理攻击主要针对节点本身进行物理上的破坏行为，包括物理节点软件和硬件上的篡改和破坏、置换或加入物理节点以及通过物理手段窃取节点关键信息。也可以基于更改或置换的物理设备做出上层的攻击，为稍后的多种攻击提供基础，如加入节点以阻塞网络通信。

2. 信道阻塞

阻塞攻击利用无线通讯共享介质的特点，通过长时间占据信道导致合法通信无法进行。通常阻塞节点会以超过正常发送所需的功率进行攻击，以涵盖尽可能大的范围。这里介绍几种常见的攻击。常速阻塞攻击的攻击节点持续发送无意义的干扰数据，长时间占据通信信道，使得干扰范围内的节点长时间无法通信。由于过于消耗攻击节点的能量，因此这种攻击没有达到攻击效用比的最大化。随机阻塞攻击是根据已有信号的历史统计特点，以一定的随机函数发送比特流，并随机地在休眠和发送两种状态间不停的切换。如果发送阶段能最大限度地与正常节点的发送相冲突，这种攻击能达到比较大的攻击效果。这种攻击的能量消耗速率较低。反应式阻塞攻击的特点是，在侦听到附近有发送信号时进行对应的干扰,有意制造碰撞;当没有监听到邻居的发送活动时进入静默状态。相比前两种攻击,这种攻击针对性更强也更难于检测。其弱点在于攻击只针对侦听到活动那些节点,对于侦听范围外的节点无法有效响应,攻击效果会下降。

3. 信道窃听

信息窃听攻击是一种被动攻击。它通过监听链路流量,窃取关键数据或通过包头字段分析得到重要信息以展开后续攻击;通过流量分析以发现信息源的位置,从而暴露被感应物的位置。

4. 包伪造

这类攻击主要以各网络协议层的包为基本的攻击单位,通过产生伪造的包达到不同的攻击目的。下面针对不同网络层介绍此类攻击。

链路层攻击。该攻击考虑了协议特性,采用欺骗其他节点的方法,通过发送具有合法链路层头的包,造成一直在传输数据的假象。由于附近的正常节点持续保持数据接收状态,影响了正常包的发送。链路层缺乏。这种攻击向特定节点发送大量包,通过接收和应答来消耗目标节点的资源。制造碰撞攻击。通过在别的节点的通信过程中制造冲突来达到攻击目的。它考虑了协议特性,在其他节点发送帧的头、中、尾等各个部分制造冲突,且可控制干扰程度,以尽量小的能量消耗造成引入的错误超过链路层错误更正能力。降低效率攻击。通过较少的攻击消耗来降低 MAC 层协议的效率,从而导致对上层协议可能的灾难性结果,具有很高的效用。反馈伪造攻击。一些上层路由协议需要底层链路协议的反馈以调整参数达到自适应,攻击节点通过向目标节点发送一些伪造的反馈包可以有效地干扰目标节点的正常运作,达到攻击的目的。

5. 网络层攻击

关键节点攻击。通过攻击路由关键节点,以较小的代价最大程度地扰乱路由过程。通常用传统的 DOS 攻击,比如包泛滥,令目标节点接收大量包,使得能耗过快,最后节点失效而影响路由过程。拒绝消息攻击。通过攻击组播协议传播中的关键节点使得组播功能被破坏。路由路径攻击。该类攻击主要目标在于通过洪泛到基站的某一路径,使得沿着路径的节点能量快速消耗，且使得通过该路径上任一链路的通信过程都不能正常进行。Sybil 攻击。攻击节点通过占用多个网络 ID（IP 地址等），从而通过物理上的单个节点对路由产生较大影响，扰乱 WSN 上分布式存储，数据聚集，路由过程和异常行为检测等多个方面的功能。数据聚集攻击。原理是恶意节点伪造发送给基站的数据，并由此影响基站的一些关键性的行为，以引起严重后果。对于数据聚集过程，通过更改聚集数据的数值和相关的聚集节点计数值来发动攻击。

6. 路由攻击

这类攻击通过发送伪造路由信息，产生错误的路由干扰正常的路由过程。如果引入一定的随机性，则很难确定这是攻击还是拓扑变化导致的结果。它有两种攻击手段，其一是通过伪造合法的但具有错误路由信息的路由控制包在合法节点上产生错误的路由表项，从而增大网络传输开销、破坏合法路由数据，或将大量的流量导向其他节点以快速消耗节点能量。还有一种攻击手段是伪造具有非法包头字段的包，这种攻击通常和其他攻击合并使用。

7. 传输层攻击

典型的有消耗目标节点资源的连接请求包的缺泛等攻击。另外如果恶意节点在连接所处的路径上，则它可能破坏特定节点间的通信过程，主要是破坏已建立的连接。但是由于 WSN 除了一些特殊应用外，很少涉及传输层，所以此类攻击可不作为防御的重点。

（四）包篡改

这种情况主要集中发生在网络层，恶意节点通过更改合法路由包的一些包头字段，干扰正常路由过程，或破坏数据载荷以制造错误数据。有简单的破坏正常路由包的攻击——通过引入随机错误以破坏路由包。此外还有通过篡改包中的数据内容以发送错误信息。

（五）包丢弃

通过丢弃应转发的正常包破坏合法的协议过程。根据丢弃的比率，分为全部丢弃和选择性丢弃。全部丢弃过于明显，选择性丢弃则具有一定隐蔽性。网络中的关键节点的全部丢弃行为会阻断网络。选择性丢弃攻击则对别的节点发出的包给予较低优先级甚至拒绝转发，对网络的可用性和服务质量会产生较大影响。

（六）包恶意

转发攻击。通过在转发上引入错误行为展开攻击。例如错误转发攻击中通过错误的路由包以降低网络效率，同步破坏攻击中通过在转发过程中引入较大的延迟使得一部分路由协议中需要的时间同步无法有效进行。

（七）协同攻击

通过一个或多个节点的配合，操纵全局路由信息，以破坏正常的路由活动，或为后续攻击做准备。协同攻击常见的形式有虫洞攻击、管道攻击、节点劫持等。虫洞攻击是在成对的恶意节点间通过使用特殊的通信频率以大功率传递消息，然后在两个节点间秘密传递经过的包，使得网络中大部分路径看起来只有 2~3 跳，达到破坏路由过程的目的。管道攻击是通过两个节点间通信的合法包的数据负载部分秘密传递包，但是两节点不通过专用的信道进行通信。节点劫持是在恶意节点较多时，一组恶意节点分布式配合，对网络拓扑产生较大的影响，以展开后续攻击。比如通过一些恶意节点将网络分成互相不能通信的几大块，或者像劫持攻击中一样劫持一组正常节点，使得一组正常节点无法连接到其之外的任意节点。

（八）其他攻击

为了以更加全面的视角了解已有的攻击特点，以下对其他攻击进行分类介绍。

1. 按主动和被动攻击

主动攻击通过和受害网络进行交互以展开攻击，常见的大部分攻击都属于该类；被动攻击与受害网络不产生交互，只是收集信息，为后期攻击做准备，例如前面提到的流量分析攻击。前者主要针对可用性、完整性和真实性，后者针对的是保密性。

2. 内部节点攻击和外部节点攻击

内部节点攻击指攻击节点具有被攻击网络的合法身份，可以有效地在链路层及其上层网络进行通信的节点，通常是被成功入侵的合法节点，例如具有合法密钥的攻击节点。外部节点则指不具有内部网络标识的节点，通常只能在物理层展开攻击。通常内部节点攻击要比外部节点攻击更易成功，防范起来难度更大。

3.一般攻击和拜占庭攻击

拜占庭攻击指控制一些已经获得认证的节点，对网络进行攻击。这是对已经使用加密手段的网络的复杂攻击，一些常见的安全协议都容易受到该类型的攻击，常见的一些攻击都有其拜占庭攻击的变种。

（九）防御攻击

防御也是 WSN 设计中需要考虑的问题。

往往需要先入侵单个节点，控制或获取其重要信息，为以后的网络攻击做准备。物理攻击的预防主要从硬件和软件两方面入手。硬件上给节点做好外表上的伪装，并构造不易损坏的硬件或者遭到入侵时能自毁以保护内部敏感信息；软件上仔细设计底层硬件逻辑或程序以干扰对传感器节点进行信息提取的攻击。

攻击预防是现阶段 WSN 安全主要考虑的方面，其中加密体系的研究是其他工作的基础。安全体系主要通过在网络层路由过程的各个阶段中引入加密和认证方法来抵御常见的大部分攻击。这里介绍一些基本方面的内容：安全原语，包括对称密钥加密、消息验证码和公钥加密、密钥管理。这类安全体系较常用的方法是利用已建立的公钥体系来分配密钥，其缺点是需要网络上事先建立公钥体系。常用的方法是密钥池和多密钥分配方法等。WSN 上单个节点容易被破坏，认证需要的通常会以组的形式建立，能够防御低于一定数量组内节点被颠覆的情况。但建立 CA 体系的花费过大，且面临密钥自动召回等多种问题。安全路由协议。它是根据一些基本路由协议改进而成的，主要目的是保证路由控制信息的完整性和可用性、信息源的合法性，以防范对路由控制过程的破坏行为，构建一个能防范大部分网络攻击的安全网络。常见的安全协议有基于 DSDV 路由协议、Ariadne 协议等。以上方法较容易防范外部节点的攻击，但很难防御来自内部节点的攻击，比如 Ariadne 需要附加额外的机制来防御来自内部的攻击，但并不保证可绝对防御。

该类预防性方法通过一些协议外的机制，使得节点自私性的行为得到惩罚，有利于网络正常运行的行为得到鼓励。比如 CORE 方法通过记录和传播节点的有利行为，在整个网络内根据行为给予节点以一定的奖励；而CONFIDANT系统则通过记录并传播恶意行为，引起全网内针对其的惩罚行为。访问控制使用基于策略的控制来严格限制节点的行为，从而增加攻击的难度以提高整个网络的安全性。其缺点在于会额外消耗大量的资源。

还有一些其他预防措施是针对特殊攻击提出的，如针对路径DOS、安全的数据聚集、流量等。这里列举一些常见的预防措施。针对路径DOS的应对思路是路径上节点需验证经过的包的合法性。安全的路由发现协议。为应对Rushing攻击，使用结合安全邻居检测，安全路由代理和随机路由请求转发技术的按需路由发现协议来应对攻击。安全的数据聚集。这类防御体系典型的安全协议有SDAP，其应对方法是将树形拓扑内的节点分成类似大小的多个子树，在子树内做数据聚集，对于怀疑可能遭受攻击的子树，需要通过一个证明过程来确定聚集结果的正确性。防御流量分析。通常使用加密来隐藏包内信息，以避免攻击者直接获得基站信息。由于加密并不能完全的预防流量分析，通过在转发时加入随机性的延时从而防御转发时间分析，并通过控制节点转发速率的方法以防御流量速率分析。传输层连接保护。传输层攻击应对的一个重要的目的就是防御请求洪泛攻击。

相关的方法有通过限制单个节点的被连接数来防止资源过多的消耗，另外也可以使用谜题方法来降低恶意请求的威胁。

（十）攻击检测

这里按照参与检测节点是否主动发送消息分为被动监听检测和主动监听检测。被动监听检测主要通过监听网络流量的方法展开，而主动监听检测的检测节点通过发送探测包来反馈或者接受其他节点发来的消息，对这些消息经过一定的分析进行检测。

1. 被动检测

WSN中没有网络基础设施，没有类似网关这样很适合部署检测算法的设备，需要直接部署到网络节点上。根据检测节点的分布被动检测可分为密集检测和稀疏检测两类。密集检测通过在所有节点上部署检测算法来最大限度地发现攻击，检测通常部署在网络层。网络层上的攻击检测方法比较经典的有看门狗检测方法、基于AGENT的方法、针对特别攻击的方法以及基于活动的监听方法等。链路层上使用通过检测到达 RTS 请求速率来发现攻击的方法。

物理层上主要检测阻塞攻击，现存的有效方法有通过检测单个节点发送和接受成功率来判断是否遭受攻击，通过分析信号强度随时间的分布来发现阻塞攻击特有的模式，以及通过周期性检查节点的历史载波侦听时间来检测攻击。物理攻击的检测主要目标在于及时发现被入侵或破坏的节点。稀疏检测则通过选择合适的关键节点进行检测，在满足检测需求的条件下尽量降低检测的花费。根据检测所用的方法，被动检测也可以分为误用检测和异常检测。其中误用检测主要是建立异常事件的指纹，通过将各种事件的信息同指纹库相匹配来发现可能的攻击。异常检测通过建立正常行为的模型，将与正常模型偏离一定范围的情况确定为攻击，为 WSN 中的主要检测方法。

2. 主动检测

主动检测主要是通过发送探测包获得反馈进行检测。首先是一类路径诊断的方法。其诊断过程是，源节点向故障路径上选定的探测节点发送探测包，每个收到探测包的节点都向源发送回复，若某节点没有返回包，说明其与前个节点间的子路径出现故障，需要在其之间插入新的探测节点展开新一轮检测。其次是邻居检测的方法。单个节点通过向各个邻居节点从对应的不同物理信道发送信号获得反馈来发现不合法的节点 ID。也可以在链路层 CTS 包中加入一些预置要求如发送延迟等，如果接受方没有采取所要求的行为则被认定为非法节点。还有针对特定攻击的检测。基站向周围节点发送随机性的组播，然后通过消息反馈的情况检测针对组播协议的攻击 DOM。另外，可以通过向多个路径发送 PING 包的方式以发现路径上的关键节点以部署攻击检测算法。最后是基于主动提供信息的检测。网络中部分节点向其他节点定期广播邻居节点信息，其他节点通过分析累积一定时间后的信息发现重复节点。

3. 攻击规避

节点从不同的攻击角度规避攻击或降低攻击强度，其方法包括信道规避、空间退让和时间退让等。信道规避是使用频率上的退让，通过更改通信频段以避开攻击。但是分布式的频率调整比较困难，且全网调频容易给整个网络带来不稳定。此时可以使用被阻塞的子网络调频，而边界的节点负责转换。也可以改用别的介质通信，例如红外线或光，但增加了节点的花费。空间退让的特点是，在移动传感器网络中，节点根据一定的算法移动逃出阻塞区域。这对节点位置固定的网络不适用。阻塞区域内的节点在阻塞的间歇中发送一些高优先级的消息给邻居，邻居节点合作以勾画出阻塞区域，从而改变路由绕过该区域。时间退让是指节点进入休眠状态，定期激活查看攻击是否结束，属于消极响应，防御效果不可预测。

4.攻击容忍

攻击容忍通过使用冗余资源，使得网络在一定强度的攻击下仍能够提供一定质量的服务。节点冗余：为防止不可替代的路由关键节点如基站失败，引入冗余节点。路由冗余：单个节点根据历史信息，从多条路由路径以一定的原则选择单条最佳路径，如 pathrater 方法。另外，将一个包互相冗余的几个片段从不同的路径发送，攻击造成一些片段丢失后，剩余的部分仍能利用冗余信息恢复得到完整的包。这能够容忍一定程度恶意修改和丢弃，也可以防止信息泄露。数据冗余：其目标是在攻击发生情况下保证数据的完整性和可用性。例如弹性的分布式数据存储中，参与存储的节点的数据间存在一定的冗余以抵抗一定的数据损坏。链路层协议通过在帧中加入冗余信息如纠错码，来提高单帧的存活率。其他：为了维持正常通信而使用的一些特殊措施，用以降低攻击的影响。例如，使用较小尺寸的帧来增大躲避干扰的概率，以及预先设置一些可以优先通过的特殊包等。

通过正常节点的分布式协调，将恶意节点从网络上隔离出去。主要方法是拒绝转发恶意节点的流量。认证隔离，在已有的认证网络的基础上，通过回收密钥以全方位隔离恶意节点。过滤：在路由的关键节点上，利用其所了解的局部网络的信息如路由表，来过滤非法包，降低或消除攻击效果。可以是出口过滤，也可以是入口过滤。其他：还有一些针对特定攻击的消除方法，如 Packetleash 方法用 TIK 协议来检测和防御 Wormhole 等。

无线传感网络有着传统网络无法比拟的许多优势，现已被广泛应用于工业自动化、建筑监测、资产追踪、环境监测、健康监测、科研教育、军事和安保等方面，特别是在军事上，例如战场（装甲车辆或部队的移动等）侦察/监控、军事目标保卫和防范恐怖袭击等。无线传感网络虽然已经取得很大的成果，但是在现有的系统中还存在不少问题，现有的理论也还很不成熟完善，仍属于新兴的研究领域，许多问题仍需深入讨论，以适应更广泛的应用需求。相信随着无线传感网络技术的不断成熟，其应用前景一定会十分美好。

第二节 蓝牙技术

一、引言

蓝牙技术是一种无线数据与语音通信的开放性全球规范，它以低成本的短距离无线通信为基础，为固定与移动设备的通信环境提供特别连接的通信技术。由于蓝牙技术具有可以方便快速地建立无线连接、移植性较强、安全性较高且蓝牙地址唯一、支持皮可网与分散网等组网工作模式、设计开发简单等优点，蓝牙技术近几年来在众多短距离无线通信技术中备受关注。众所周知，数据传输是实现数据通信的基础。以往的数据传输采用的是有线连接方式，其优点是传输速度快、安全性高以及实现简单，但随着生产以及生活需求越来越大，要求越来越高，有线连接已经逐渐显现出自身的不足，例如传输距离有限、成本高和布线困难等，这些因素严重制约了其发展。

为了解决有线传输带来的不便，很多研究人员开始考虑尝试以无线的方式实现数据交换。由于无线传输技术自身的特点，可以有效解决有线传输带来的不便，使现有的数据传输不再需要繁重的布线，而且数据传输方便快捷，所以对于无线数据传输技术的研究有着重大的意义。近些年，无线传输技术得到了迅猛发展，相继出现了红外技术、HomeRF、蓝牙、无线局域网、ZigBee、RFID 等，这些技术都有各自的优势和应用领域，大大改善了现有的数据传输方式。现有的无线通信技术各有特点，并且在很大程度上与蓝牙技术相互补充。蓝牙技术由于成本低、功耗低和组网容易等特点，在无线数据传输领域得到了广泛的应用。目前，对于蓝牙技术的研究，大部分集中在数据传输性能的改善方面。杨帆等集中研究了蓝牙技术数据传输的网络拓扑问题，给出了改进的拓扑构成算法，增强了网络的可拓展性。

HAGER 和 BANDYOPADHYAY 等对蓝牙技术安全方面存在的问题进行了大量的分析，指出蓝牙技术在安全方面仍存在不足，包括蓝牙技术的认证、PIN 码的安全以及匹配问题等。GOLMIE 等对蓝牙设备与 802.11 设备共存时的相互干扰情况进行了详细的分析并提出了解决方案。CHEN 等研究了平均接收信噪比与分组错误概率间的关系。本文首先从协议方面分析数据传输性能的改善，然后讨论现有关于蓝牙技术数据传输的研究，指出各个方案的优缺点，并提出相应的改进构想和今后的研究展望。

二、蓝牙协议标准中数据传输的演进过程

自从完成了第 1 版蓝牙标准的制定以来，蓝牙特别兴趣小组仍然持续不断地对蓝牙技术进行修正与改版的工作，目的是期望蓝牙技术能够充分满足系统产品更易于使用的需求，尤其是蓝牙技术数据传输方面的需求，如数据传输速率、能耗以及安全问题等。因此不断演进的蓝牙标准版本，对于整体蓝牙技术的发展带来了至关重要的影响。蓝牙规范 1.0 版本主要是针对点对点的无线数据传输，给出了标准的数据传输分组格式以及分组类型。随后的 1.1 版本将 1.0 版本的点对点扩展为点对多点的数据传输，并修正了前一版本中错误和模糊的概念。蓝牙技术 1.1 版本规定的传输速率峰值为 1Mbit/s，而实际应用中是 723kbit/s。蓝牙技术 1.2 版本的传输速率与 1.1 版本相同，但实现了设备识别的高速化，增强了数据传输的抗干扰能力，与现有的 1.1 版本完全兼容，确保其向后兼容 1.1 版本的产品。蓝牙协议规范 1.2 版本中有以下的改进和增强：更加快速地连接、自适应跳频、扩展的同步面向连接链路、增强的错误检测与信息流、增强的同步能力、增强的流规范等。这些改进可以增加数据传输的抗干扰性和可靠性，为其实时传输提供有力支撑。

从蓝牙 2.0 版本开始，增加了增强型数据速率协议，大大提高了蓝牙技术数据传输的性能。它的主要特点是数据传输速率可达 1.2 版本传输速率的 3 倍 (在某些情况下可高达 10 倍)。

2.0 版本通过减少工作负载循环降低了能源消耗，增加带宽简化了多连接模式，可与以往的蓝牙规范兼容，降低了比特误差率。蓝牙 2.1+EDR 标准

在 2.0 版本的基础上对数据传输的性能加以改善，具有三个主要特征：改善装置配对流程、节约能源和增强安全性等。目前，较新的版本是蓝牙技术联盟在 2016 年 4 月颁布的蓝牙 3.0+HS 高速核心规范和在 2016 年 12 月颁布的蓝牙 4.0 低功耗核心规范。前者采用交替射频技术，并且集成了 IEEE802.11 协议适应层，使蓝牙数据传输速率提高至 24Mbit/s。此外，蓝牙 3.0+HS 还增加了单播无连接数据传输模式和增强功率控制等新功能。蓝牙规范 4.0 可以说是蓝牙 3.0+HS 规范的补充，降低了蓝牙技术数据传输的能耗，这个版本主要应用在医疗保健、运动与健身、安全及家庭娱乐等全新的市场。

三、蓝牙技术数据传输的研究

现有关于蓝牙技术数据传输的研究主要集中在以下几个方面：数据分组的选择对于传输性能的影响、数据传输过程中的干扰和数据传输过程中的安全等问题。

（一）蓝牙技术数据传输性能分析

基于蓝牙技术的无线数据传输过程主要由传输层协议来管理，该层负责蓝牙设备间对方位置的确认，以及建立和管理蓝牙设备之间的物理与逻辑链路。除此之外传输协议又可细分为底层传输协议和高层传输协议两个重要部分。底层传输协议侧重语音与数据无线传输的实现，主要包括射频、基带和链路管理协议三个部分；高层传输协议主要包括逻辑链路控制与适配层协议和主机控制器接口，其主要功能包括：为高层应用程序屏蔽诸如跳频序列选择等底层传输操作；为高层应用程序的实现提供更加有效和易于实现的数据分组格式。

1. 蓝牙技术底层数据传输分组

选择通信设备间物理层的数据传输连接通道就是物理链路，为此蓝牙协议定义了两种类型的链路：同步面向连接链路和异步无连接链路。蓝牙皮可网采用分组形式进行数据传输，基带层给出了两种分组格式：一种是蓝牙协议 1.0 中规定的标准分组格式，主要由接入码、分组头和有效载荷三部分组成；另一种是蓝牙协议 2.0+EDR 版本提出的增强型数据分组格式，将其原有分组格式的有效载荷部分分成同步码、净荷和尾码三个部分，保留了原有的接入码和分组头两个部分，数据部分采用相移键控调制方式，并在数据分组中引入了保护周期。蓝牙皮可网中使用的分组类型与使用的物理链路有关。对于蓝牙数据传输链路，协议给出了如下分组类型：DM1 分组、DH1 分组、DM3 分组、DH3 分组、DM5 分组、DH5 分组、AUX1 分组、HV1 分组、HV2 分组、HV3 分组和 DV 分组。2.0 规范新增了 2-DH1 分组、2-DH3 分组、2-DH5 分组、3-DH1 分组、3-DH3 分组和 3-DH5 分组等。

现有的关于蓝牙技术底层数据传输的研究主要集中在数据分组选择问题上，由于协议给出的分组类型性能各不相同，如数据载荷的大小和采用的纠错机制等，对数据传输性能会产生很大的影响。针对此问题，国内外的研究人员均已取得了一定的进展。SARKAR 等在假设信道状态已知的情况下，利用所建立的数学模型求出吞吐量最大时数据分组大小的最优值，进一步提高了系统的整体性能。杨帆等分析了蓝牙 2.0+EDR 新规范定义的三种调制方式在加性高斯白噪声信道下的位错误率与平均接收信噪比的关系，根据不同分组的特性，提出了在 AWGN 信道下的自适应分组选择策略。

在原有的蓝牙 2.0+EDR 协议中加入采用 BCH 编码的数据分组，有效提高了蓝牙数据传输效率、抗干扰能力以及在 AWGN 信道下的数据传输吞吐量。杨帆等提出了一种基于信噪比的蓝牙自适应分组类型选择方法。其原理就是根据接收信噪比的不同情况选择最佳的分组类型进行传输，给出了进行分组类型切换时信噪比的门限值，改善了在信道状态不佳时的系统性能。JU 等提出了一种基于信道估计的蓝牙系统分组选择策略，针对不同信道误比特率的差异，结合现有蓝牙数据分组的特点，提高了原有系统的吞吐量。这种自适应分组选择策略不仅可以有效地提高系统吞吐量，还能够降低数据传输的延迟，在一定程度上可以解决无线个域网的信息拥塞问题。

因此，不同误码率和数据分组对于系统吞吐量的影响是有差异的。当系统不存在干扰或者干扰很小的时候，小时隙的分组会增加数据分组的冗余开销，降低吞吐量。但是如果存在干扰，小时隙的分组可降低基带分组传输期间受到干扰的可能性，减少出错重传的概率。以上的参考文献虽然给出了自适应分组选择策略，但在不改变蓝牙硬件的基础上，得到或者准确估计和跟踪信道质量是比较困难的，所以分组选择的难点在于如何估计或者判断信道质量。基于以上问题，王雪等提出把不同误码率下的最佳分组按照其吞吐量进行分级，并计算出分组吞吐量临界点的重传次数，同时与每个分组的平均重传次数比较，调整分组区间上下限的级别以得到该区间的最佳分组类型。该方法通过实时跟踪信道质量，做出相应的分组选择策略，尤其对于不稳定的信道，大大提高了系统的性能。

数据分组选择虽然可以有效改善蓝牙技术数据传输的性能，但是分组本身还存在一定的不足，例如 DH 分组载荷部分没有任何差错控制机制，当信道环境较差时，会严重影响蓝牙数据分组的传输性能。针对这个问题，可以尝试对 DH 分组的载荷部分采取合理的编码方式，纠正随机发生的比特错误，进而降低数据分组的重传次数，提高蓝牙技术数据传输的性能。现有的纠错编码方式有很多，例如 BCH 码、RS 码、汉明码和 Turbo 码等，由于每种编码方式的复杂度和纠错能力都存在差异，所以可根据不同的应用需求选择适合蓝牙技术数据分组的编码方式以保证数据分组在环境质量较差情况下的传输性能。针对 EDR 格式分组本身存在抗干扰能力差的问题，本文为 EDR 格式分组引入了扩展戈莱编码方法。EDR 格式数据分组有效载荷部分采用扩展戈莱编码 (24, 12)，该编码可以纠正随机的 3bit 错误，在低信噪比或环境质量较差的情况下有效降低蓝牙 EDR 分组出错的概率，提高蓝牙数据分组的吞吐量。与此同时，由于分组误比特率与所采用的调制方式存在一定的函数关系，因此调制方式性能的好坏影响了蓝牙数据分组的传输性能

从蓝牙 2.0+EDR 版本开始，数据载荷部分分别采用 8DPSK 和 $\pi/4$-DQPSK 两种调制方式。如果引入最小频移键控调制方式，随着比特信噪比的增加，MSK 调制方式的误比特率要优于以上两种调制方式。因此，将扩展戈莱编码与 MSK 调制方式相结合的方法可以有效改善蓝牙数据分组的抗干扰能力。改进后的新增 DH 分组在信噪比为 3dB 时，吞吐量就呈明显上升趋势，较协议原有的新增 DH 数据分组提高近 5dB。可见，本文提出的将扩展戈莱编码与 MSK 调制方式相结合的数据分组改进方案可以提高信噪比较低情况下的数据分组可靠性，并且可以进一步提高数据分组的抗干扰性能和吞吐量。

2. 蓝牙技术高层数据传输重传机制

为了实现高层应用，高层传输协议提供了更加有效和易于实现的数据分组格式。其中较重要的逻辑链路及适配协议负责将基带层的数据分组转换为便于高层应用的数据分组格式，并提供协议复用和服务质量交换等功能。蓝牙协议体系结构中的逻辑链路及适配协议处于基带协议的上层并与蓝牙服务搜索协议、串口仿真协议和电话控制等其他通信协议具有通信接口。L2CAP 是基于分组的，但是其通信模型是基于信道的。一个信道表示的是两个 L2CAP 实体之间的数据流。信道既可以是面向连接的，也可以是无连接的。L2CAP 层协议定义了四种数据帧结构，以满足不同数据传输的需要。

例如基本 L2CAP 模式下的面向连接信道采用 B– 帧，数据帧包括长度字段、信道 ID 以及信息载荷三个部分；对于无连接信道则采用 G– 帧，与前者的不同在于该帧引入了协议 / 服务复用字段，并且信道 ID 为 0x0002，用于数据成员的加入与剔除；为了保证数据传输的可靠性，该协议层采用了数据重传机制，引入的 S– 帧和 I– 帧负责 L2CAP 实体间信息的监控和传输。现有的关于蓝牙 L2CAP 层的研究主要集中在该层的自动请求重传机制上。传统的重传机制有三种：停等式 ARQ 机制、回退 N 帧 ARQ 机制和选择重传 ARQ 机制。停等式 ARQ 机制实现简单，但其信道利用率较低；回退 N 帧 ARQ 机制的信道利用率要优于前者，但是在信道条件较差的情况下，N 帧将会很大，这将严重影响数据传输的吞吐量；选择重传 ARQ 机制可以有效地解决前两者存在的问题，而且信道利用率高，吞吐量等性能也优于前两者。由以上分析可知，合理地选择重传机制有利于提高数据传输的效率和可靠性。近几年，对于数据重传机制的研究也取得了一定的成果。VALENTI 等人研究了加性高斯白噪声与瑞利衰落信道下分组重传的概率与蓝牙链路吞吐量的关系。RAZAVI 等提出一种基于模糊控制的自适应 ARQ 机制，通过对发送缓存器剩余空间的监测，运用模糊控制的方法决定数据分组的重传次数，这种机制有效地降低了数据传输过程中的分组丢失率。CYRIL 等针对现有的 ARQ 协议进行了比较分析，给出了引入 BCH 错误检测码对于停止等待 ARQ 协议性能的改善方法，并分析了前向纠错码对于系统时延的影响。

L2CAP 层所采用的是回退 N 帧的 ARQ 机制，该机制一方面因连续发送数据帧可以提高效率，但另一方面，在重传时又必须把原来已正确传送过的数据帧重复传送，因此又降低了传送效率。为了进一步提高信道的利用率，可以设法只重传出现差错的数据帧或者定时器超时的数据帧。所以结合 L2CAP 层的特点，在不改变协议的基础上，采用选择重传 ARQ 机制，进而改善数据传输的性能。蓝牙 L2CAP 层可以支持多个逻辑信道，这与基带层只支持一条 ACL 链路不同，通过信道标识可以区分不同的逻辑信道，这为采用选择重传 ARQ 机制提供了可能。但需要考虑的是如何连接逻辑信道，为一个数据流建立两个逻辑信道：数据 L2CAP 信道和重传 L2CAP 信道。选择重传 ARQ 机制只传送错误的数据帧，这样就降低了采用回退 N 帧 ARQ 机制引入的传输延迟，提高了数据传输的性能，该方法可以应用在现有的蓝牙系统中。

根据现有 ARQ 重传机制各自的特点以及存在的不足，仅使用一种重传机制虽然可以在一定程度上解决吞吐量的问题，但是又会引入新的问题。例如采用选择重传 ARQ 可以有效提高数据的吞吐量，但该机制本身实现复杂，且对于硬件要求较高，须有足够大的存储容量以防止数据溢出，在实际应用中存在一定的局限性。单一的重传机制很难满足不同的需求，因此如果将多种重传机制相结合，互补优势，可以有效地克服各种重传机制本身存在的缺陷，例如采用回退 N 帧的 ARQ 机制和选择重传 ARQ 机制两者技术相结合的方式，一方面可以解决回退 N 帧 ARQ 机制吞吐量低的问题，另一方面还可以同时解决选择重传 ARQ 机制数据溢出的问题，从整体上提高了蓝牙技术 L2CAP 层数据传输的性能。

(二) 蓝牙技术数据传输干扰问题

蓝牙技术工作在 2.4GHz 的免费 ISM 频段，该频段也同时被其他无线通信技术所使用，如 ZigBee、RFID、HomeRF 和 WLAN 等，所以不可避免地会存在彼此间的数据干扰。不仅如此，蓝牙皮可网之间也同样存在数据的同频和邻频干扰。

1. 非蓝牙设备间的干扰

目前，针对非蓝牙设备对蓝牙设备数据传输干扰的研究工作主要集中在蓝牙与 WLAN 之间。WLAN 网络的主要技术包括 IEEE802.1x 系列标准，其中在与蓝牙数据传输干扰方面最受研究人员关注的标准是 IEEE802.11b。IEEE802.15 委员会成立了专门的组织（IEEE802.15.2 共存工作组）对蓝牙技术和 IEEE802.11b 标准进行了修改，以降低相互之间的干扰。现有的修改方案有协作方案和非协作方案两种：MEHTA 和 AWMA 是两个典型的协作算法，可以减少甚至完全避免蓝牙与 WLAN 相互通信时产生的干扰；而自适应跳频属于非协作算法，它是建立在自动信道质量分析基础上的一种频率自适应和功率自适应控制相结合的技术，可以避免两种网络各自通信时产生的数据干扰。

2. 蓝牙皮可网间的干扰

蓝牙系统采用跳频技术，发射频率在 79 个跳频频点之间伪随机地选择，并且各个皮可网的跳频序列是相互独立的。所以在皮可网密集的地方，某个皮可网很有可能和相邻的皮可网跳到相同（相邻）的频点，从而产生同频（邻频）干扰，影响蓝牙设备之间正常的数据传送。当今蓝牙产品使用非常广泛，几乎每一部手机中都含有蓝牙功能，因此蓝牙同频干扰问题亟待解决。从蓝牙技术诞生至今，研究人员不断地对蓝牙皮可网间的同频干扰问题进行研究。研究工作主要集中在：对干扰情况下的蓝牙系统进行性能分析，包括数据分组类型、同步异步、跳频保护间隔、网间距离以及无线传输环境等因素对存在干扰的同类或异类皮可网的吞吐量和分组错误率的影响；对抗同频干扰方法的研究，主要包括速率自适应控制算法、正交跳频序列方法、时间同步方法、冲突解决增强型接收机、双信道传输方法等。

以上从不同角度、针对不同因素对蓝牙皮可网间的同频干扰问题进行了分析，但是在同频干扰情况下，对蓝牙网络性能的分析还存在以下需要解决的问题：目前的研究大都假设皮可网之间同频就会产生干扰，并没有分析皮可网在同频情况下的载干比；文献中分析的分组错误率实际上是蓝牙皮可网间同频的概率，并没有考虑返回分组是否发送成功；现有的干扰抑制方法也是基于同频就会产生干扰的假设而分析的。为了更好地抑制蓝牙皮可网之间的同频干扰，本文提出了一种基于信道转换与 MSK 调制的同频干扰抑制方法，该方法在蓝牙皮可网重传时进行信道转换，并采用 MSK 调制方式代替高斯频移键控调制方式。为了使网络性能的分析更加完善，该方法根据载干比值判断皮可网是否受到同频干扰，并且分析了多个蓝牙皮可网之间的同频概率，在同频概率分析过程中考虑了返回分组、跳频保护间隔、满载与非满载、三种时隙数据分组共存等多种情况。

网络数量 N 取不同值时，干扰抑制前、后参考网不受同频干扰时主从设备之间的最大距离 Dmax，采用信道转换与 MSK 调制相结合的干扰抑制方法后，Dmax 值明显增大，尤其在网络数量小于 10 时更加明显。

干扰抑制前，当网络数量大于 20 时，参考网在各种比例混合的传输方式下吞吐量都在 100kbit/s 以下，可知参考网吞吐量受同频干扰的影响很严重。干扰抑制后，参考网吞吐量得到了很大程度的改善，尤其在 $14 \leq N \leq 57$ 区间内，皮可网吞吐量最大可增加 260kbit/s。因此，本文提出的基于信道转换与 MSK 调制的同频干扰抑制方法能够有效地提高参考网的载干比和吞吐量，使主从设备间不受同频干扰的最大传输距离有所增加，很大程度上减少了同频干扰的范围。

(三) 蓝牙技术数据传输安全问题

蓝牙标准定义了一系列安全机制，为短距离无线数据传输提供了基本的保护。现有蓝牙数据传输的安全机制主要存在两个问题：一个是单元密钥的使用容易受到外界的针对性攻击问题；另一个是蓝牙单元提供的个人识别码的不安全问题。解决这些问题的关键在于如何采用更为强健的加密算法以及较为完善的访问控制机制。蓝牙作为一种短距离无线通信技术，与其他网络技术一样存在着数据传输的各种安全隐患，近些年来很多研究人员致力于这方面的研究，提出了一些行之有效的安全算法和控制访问方法。郁滨等针对于蓝牙协议的基带层加密方案中密钥容易受攻击的问题，根据蓝牙的特点提出了一种基于主机控制器接口的加密方案；谭永亮等在分析了蓝牙加密算法的基础上，提出了一种以 IDEA 为基础的蓝牙加密算法；徐向东等通过分析蓝牙技术数据安全加密算法的不足，提出了将 DES 加密算法用于蓝牙技术中，从而替代原有 E0 加密算法。针对数据访问控制问题，郁滨等基于不同协议层的控制特点，提出一种蓝牙访问控制方案，实现了三层协议联合访问控制的目的，有效地提高了数据传输的安全性；卢小亮等针对蓝牙访问控制存在的设备授权不灵活、无用户授权、资源完整性保护不足等问题，提出一种基于角色的访问控制方案，实现了用户的安全访问以及提高了数据交换的安全性。虽然针对蓝牙数据传输安全方面的研究已经取得了一定的进展，但仍有一些问题有待进一步解决，例如如何保证初始字的复杂度，蓝牙技术单元字方案的可行性和蓝牙设备地址的安全性等。研究人员可以考虑将现有的多种安全加密算法相结合或者采用可靠性更高的访问控制机制，对其加以改进。

由于无线数据传输自身的特点，在采用无线方式进行数据传输的过程中，难免会遇到安全、干扰以及传输性能等方面的问题。针对分组选择和重传机制的研究现状，分析了已有算法的优缺点，并提出了引入扩展戈莱编码方法和采用恒定包络连续相位调制方式等相应改善数据传输性能的方案；最后分别从数据干扰和安全两个方面，对蓝牙技术数据传输存在的问题以及现有的解决方案进行了分析，同时首次深入地研究了多个皮可网的同频干扰概率和干扰信号的功率等问题，并提出了基于信道转换与 MSK 调制的同频干扰抑制方法，减小了皮可网间的同频概率和分组错误率。近几年，蓝牙技术数据传输的研究是一个迅速发展的领域，总体来说，还有以下几个方面需要深入研究。进一步提高数据传输的性能，降低传输的能耗。蓝牙技术组网节点本身电池能量有限，而且还要参与网络中的设备配对和数据交换。因此，数据传输过程不应占用过多的能量资源，否则将影响整个系统的正常运行。设计和采用一些节能算法，同时简化蓝牙设备间的配对过程，降低其能量的消耗。

增强网络的可扩展性。有些蓝牙拓扑算法在节点数目较少时，性能优越，但是当节点数目增加时，系统的性能就会明显下降。如蓝牙网络中节点数目增多时，配对和维护过程的花费将会明显增加，而且有些算法还会出现节点负载过重的现象，成为系统的瓶颈。所以对于整个系统来说，具有可扩展性的算法是今后研究的一个方向。降低蓝牙设备的连接时间。蓝牙技术采用的是快速跳频方式进行通信，这意味着蓝牙必须通过跳频同步才能通信。在没有通信的情况下，设备的连接将消耗很多时间，影响数据传输的实时性，所以应采用一些开销小的方法来解决这些问题，例如减少配对过程中的回退时间，改变蓝牙查询的跳频序列或者采用改进的蓝牙协议等。

在蓝牙技术数据传输的研究领域中，除了本文论述的几个主要研究方面，还有一些领域有待于进一步拓展。蓝牙皮可网的调度算法。由蓝牙设备组成的网络中，采用何种轮询方式与多个从设备进行通信，以降低数据传输的延迟，提高传输效率。蓝牙散射网的吞吐量研究。当设备节点数量很大时，单个皮可网是不能满足数据传输需要的，可以同时将几个皮可网组成更为复杂的散射网，进行数据交换。因此散射网的吞吐量是值得考虑的重要问题，进而使整体性能达到最优。

第三节　WiFi 技术

近些年，随着宽带和光线的普及，互联网与人们的生活越来越紧密的联系在一起。出于各种目的人们几乎每天都要上网冲浪。现在很多家庭都配有一台以上的个人电脑，除了传统的台式机和笔记本电脑之外，以 iPad 为标志的平板电脑得到了大众的认可，迅速地进入了寻常百姓家。如何使这些不同的设备简单方便地接入互联网，WiFi 技术凭借自身特点脱颖而出，成为了大多数家庭多台设备接入互联网的首选方法。

一、WiFi 概念

WiFi 全称 Wireless Fidelity，实质上是一种商业认证，具有 WiFi 认证的产品符合 IEEE802.11a/b/g/n 无线网络规范，它是当前应用最为广泛的 WLAN 标准，一般工作在 2.4GHz 频段。IEEE802.11 第一个版本发表于 1997 年，1999 年加上了两个补充版本：IEEE802.11a 和 IEEE802.11b。目前最新的标准为 2009 年得到 IEEE 批准的 IEEE802.11n。在传输速率方面，802.11n 可以将 WLAN 的传输速率由目前 802.11a 及 802.11g 提供的 54Mbps，提高到 300Mbps 甚至高达 600Mbps，信号的覆盖范围也扩大到好几平方公里。到 2016 年 IEEE802.11 这个标准已被统称作 WiFi。从应用层面来说，WiFi 能够帮助用户访问电子邮箱、Web 和流媒体，与蓝牙技术一样，同属于在办公室和家庭中使用的短距离无线技术。它为用户提供了访问互联网的无线途径。同时，它也是一种在家里、办公室或在旅途中上网的快速、便捷途径。

二、WiFi 的技术优势

WiFi 的技术优势主要体现在：

（1）建设便捷

因为 WiFi 是无线技术，所以组建网络时免去了布线工作，只需一个或多个无线 AP，就可以满足一定范围的上网需求。节省了安装成本，缩短了安装时间。ADSL、光纤等有线网络到户后，只需连接到无线 AP，再在电脑中安装一块无线网卡即可。一般家庭只需一个 AP，如果用户的邻居得到授权，也可以通过同一个无线 AP 上网。

（2）无线电波覆盖范围广

最新的 WiFi 半径可达 900 英尺左右，约合 300 米；而蓝牙的电波半径只有 50 英尺左右，约合 15 米，差距非常大。

（3）投资经济

缺乏灵活性是有线网络的固有缺点。在规划有线网络的时候，需要提前考虑到以后的发展需求，这就会导致大量的超前投资，进而出现线路利用率低的情况。而 WiFi 网络可以随着用户数的增加而逐步扩展。一旦用户数量增加，只需增加无线 AP，不需要重新布线，与有线网络相比节约了很多网络建设成本。

（4）传输速度快

可达到 37.5Mbit/s，能够满足绝大多数个人和社会信息化的需求。

（5）业务可集成

WiFi 技术在 OSI 参考模型的数据链路层上与以太网完全一致，所以可以利用已有的有线接入资源，迅速部署无线网络，形成无缝覆盖。

（6）较低的厂商进入门槛

在机场、长途客运站、酒店、图书馆等人员较密集的地方设置无线网络"热点"，并与高速互联网连接。

只要用户的无线上网设备处于"热点"所覆盖的区域内，即可高速接入因特网。也就是说厂商因不用耗费资金来进行网络布线而节省了大量的成本。根据无线网卡使用的标准不同，网络接入速度也有所不同。其中 IEEE802.11b 最高为 11Mbps，在设备配套的情况下可以达到 22Mbps，IEEE802.11a/g 为 54Mbps，最新的 IEEE802.11n 为 300Mbps。较有线网络相比的优势：无须布线。作为无线网络 WiFi 最主要的优势就是无须布线从而摆脱了布线的烦恼，因此非常适合移动办公用户，市场前景非常广阔。目前 WiFi 已经从医疗保健、管理等特殊行业拓展进了家庭、公共服务、办公等领域。健康安全。IEEE802.11 规定的发射功率在 100 毫瓦以内，实际发射功率约 60 ~ 70 毫瓦。而蜂窝电话的发射功率在 200 毫瓦至 1 瓦之间，手持式对讲机的发射功率高达 5 瓦，另外无线网络在使用时不会直接接触人体，更加健康安全。简单的组建方法。组建无线网络只需要无线网卡、无线 AP 和有线架构，费用和复杂度远远低于有线网络。如果要用几台电脑组建对等网，也可不要无线 AP，只需要为每台电脑配备一个无线网卡。它的作用主要是在媒体存取控制层中扮演无线工作站和有线局域网的桥梁。无线 AP 就像有线网络的 Hub，无线工作站可以快速且容易地与网络相连。长距离工作。在网络建设完备的情况下，最新的 802.11n 标准的真实工作距离可以达到 300 米以上，得益于将 MIMO（多入多出）与 OFDM（正交频分复用）技术相结合而应用的 MIMOOFDM 技术，提高了无线传输质量，也使传输速率得到极大提升。

三、WiFi 是高速优先技术的补充

目前，有线接入技术主要包括基于双绞线的 ADSL 技术、基于 HFC 网的 CableModem 技术、光纤宽带有线接入技术等。WiFi 作为高速有线接入技术的补充，具有可移动性、价格低廉的优点，广泛应用于需要无线延伸的领域，如飞机场、客运站等。在最新的 802.11n 标准中，应用了 MIMO、OFDM 等新技术，提升了 WiFi 的性能，数据传输速率成倍提高、传输距离和信号质量显著提高。这些新技术使 WiFi 作为高速有线接入技术的补充的力度大大增加。

（一）WiFi 是蜂窝移动技术的补充

作为蜂窝移动通信的补充是 WiFi 技术的另一个定位。蜂窝移动通信的特点是覆盖范围广、移动能力强并且具有中低等速率的数据传输能力，它可

以利用 WiFi 数据传输速率高的特点来弥补本身数据传输速率低的不足。而 WiFi 不仅可以利用蜂窝移动通信网络完善的鉴权与计费机制，还可以结合蜂窝移动通信网络广泛的覆盖范围来实现多接入切换功能。这样取长补短之后 WiFi 便成为蜂窝移动通信的良好补充，使蜂窝移动通信锦上添花，进一步扩大了其应用范围，为运营商提供更多种的数据服务创造了条件，从而吸引更多的用户来定制服务。

（二）WiFi 是现有通信系统的补充

现有主要的无线接入技术包括 IEEE 的 802.11、802.15、802.16 和 802.20 标准，分别对应了 WLAN、无线个域网 WPAN：蓝牙与 UWB、无线城域网 WMAN：WIMAX 和宽带移动接入 WBMA 等。一般来讲无线个域网提供超近距离的无线高速数据传输连接；无线城域网提供覆盖城域的高速数据传输；宽带移动接入则提供覆盖广泛、移动性高的高速数据传输。作为现有主要通信系统的补充，WiFi 可以提供覆盖热点、移动性低的高速数据传输。

四、WiFi 的应用和未来

WiFi 技术已经问世 10 余年了。起初，WiFi 技术作为无线连接计算机和互联网的途径被引入，现在已经取得长足的进展。如今，可以看到各种各样标有 WiFi 字样的设备，比如移动终端、电视机、摄像机，甚至画框等，这些是十年前无法想象到的。早期，WiFi 只被应用于办公楼中；现在，WiFi 网络覆盖了世界上许多大型城市，甚至在一些国际班机上也提供 WiFi 连接。今天的 WiFi 在许多行业中都是一项非常重要的通信工具。在医疗保健领域，WiFi 用来连接个体病患监测设备和中央分析计算系统，追踪患者生命体征，并向医生实时通报患者的状态变化情况。WiFi 连接让医生能够快速访问诊断系统，查找病患信息，比较以前的健康档案，指挥进行测试并查看测试结果，须臾之间，满足所有需求。在商用航空领域，WiFi 被作为一项机上乘客服务，即使在两万英尺高空，人们也能时刻保持连接，并为广大航空公司提供一种能够创造收入的增值服务。

通过安全可靠的 WiFi 网络，金融市场每秒钟都会完成数十万次交易。现在，汽车制造商可以供应带有 WiFi 功能的汽车系统，连接车载仪表设备与各种通信设备，让整辆车就好比一个可以移动的 WiFi 热点。物联网作为新兴产业正被国家大力发展，WiFi 技术凭借其低成本、低功耗、灵活、可靠等优势在物联网产业中发挥着重要作用。WiFi 技术在物联网中广泛应用于电力监控、油田监测、环境监测、气象监测、水利监测、热网监测、电表监测、机房监控、车辆诱导、供水监控，带串口或 485 接口的 PLC，RTU 无线功能的扩展。

如今，WiFi 行业有了为人们提供无缝连接的机会，并可以用更多方式连接更多场所的更多设备，其优势超过了任何其他的替代型途径，这就是 IEEE802.11n，速率比之前的版本快五倍，有效覆盖范围则是之前版本的两倍。数字家庭的许多设备都已连接到 WiFi 网络中，从家用个人电脑、游戏机或蓝光 DVD 播放器，到可以存储上万首歌曲与大量图片的硬盘，再到数码相机、打印机或高清电视，IEEE802.11n 产品能够提供足够的带宽，为这些需求或更多需求提供支持，可谓是一条让每个人能够同时连接网络并仍可享受到数字音乐、流式视频和在线游戏带来的愉悦。目前，带有 IEEE802.11n 标准的产品的数量已经超过 1500 种，其中半数以上都来自亚太地区的企业。八家中国企业包括华为、TPLink、H3C、中兴、腾达科技、锐捷网络、深圳共进和伟易达。更多的产品正在中国的两家授权 WiFi 测试实验室进行测试，准备推向市场。根据市场调查机构 ABIResearch 的统计数据，如今全球 WiFi 产品出货量中有半数以上是符合 IEEE802.11n 标准的产品，其中 2015 年的出货量超过 4.5 亿套，2017 年增加到 10 亿套以上。

虽然 IEEE802.11n 标准是一个巨大的成功，但是在其之后定会出现一连串的新型 WiFi 创新成果，在新的范畴内，用针对新市场的各种新应用和新设备以及更高性能的技术彻底改革通信行业。将来，WiFiDirect 将会被应用在产品上，让各种设备得以随时随地直接互联——即使在没有 WiFi 网络、热点或互联网连接的情况下也能实现。由此，手机、相机、打印机、个人电脑、键盘和耳机将通过彼此互联来传输内容，并快速简便地分享应用程序。另外一项已问世的 WiFiAlliance 认证项目支持在 60 千兆赫兹频带上的 WiFi 运营，以千兆比特 / 秒的速度连接未来的消费电子设备。这意味着，可提供高清视频与音频、显示器和无延迟游戏的消费电子设备的性能将会显著提高。通过智能电网应用程序，WiFi 致力于为创造一个更加环保的星球而提供各种解决方案。通过端到端通信的方式，让广大消费者得以优化其家用电器、安全系统和温度控制系统的运行效率，从而降低能耗，并更好地管理自己的家庭经营费用。其他正在开发中的可以改变行业面貌的产品与服务还有很多，包括可在 5 千兆赫兹频带上运行的超高吞吐量 WiFi，一份支持无缝热点访问体验的协议，以及在空白电视信号频段运行的 WiFi 功能，可通过对传统电视频谱和增强型覆盖范围的公共使用，拓展 WiFi 网络连接的足迹。

互联网改变了人们的生活，而 WiFi 改变了人们访问互联网的方式，使人们摆脱了电线的束缚，能够更加自由方便地访问互联网，使互联网更加深刻的融入到我们的日常生活中。越来越多的机场、酒店、餐馆等场所开始提供 WiFi 服务，三大运营商都在大规模布局 WiFi 热点。WiFi 凭借着自身特点，应用范围已经扩展到了医疗、物联网等领域，人们的生活将因 WiFi 而改变。

第四章 物联网定位技术

第一节 定位技术在物联网领域的应用发展分析

2015 年，ITU 在《ITU 互联网报告 2015：物联网》中提出物联网的概念；2016 年，物联网的定义被正式写入《物联网概述》标准中："物联网是信息社会的一个全球基础设施，它基于现有和未来可互操作的信息和通信技术，通过物理的和虚拟的物物相联，来提供更好的服务。"可以认为，物联网是将各种信息传感设备及系统通过公用或者专用的接入网与互联网相连而形成的巨大智能网络。物联网通用体系架构将物联网分成感知层、网络层、支撑层、应用层的分层结构，在未来复杂的异构网络环境下，对"物"进行精准的定位、跟踪和操控，从而实现全面灵活可靠的人—物通信、物—物通信。物联网感知层主要实现对物理世界信息的采集，其中一项重要信息就是位置信息，该信息是很多应用甚至是物联网底层通信的基础。位置信息并不仅仅是单纯的物理空间的坐标，通常还关联到该位置的对象以及处在该位置的时间，要实现任何时间、任何地点、任何物体之间的连接这一物联网发展目标，位置信息不可或缺，如何利用定位技术更精准更全面地获取位置信息，成为物联网时代一个重要研究课题。

一、定位技术的发展

从 1996 年美国正式发布国家 GPS 政策至今，卫星定位导航技术已经成为当前应用最广泛、最成熟的无线定位技术。然而，GPS 定位虽然能够满足大部分商用需求，但针对移动定位，仍存在精度低、耗时长、环境受限等无法弥补的缺陷。随着无线通信技术的发展，基于网络信息的定位技术，开启了移动定位的新篇章。同时，针对之前的定位盲区——室内环境的定位技术近几年也引发业界的强烈关注。定位技术正向着更全面、更精准的方向不断前行。

(一)3G 定位技术

3GPP 标准中规定了第三代移动通信网络支持的定位方式，包括 Cell-ID、OTDOA-IPDL、网络辅助 GPS、U-TDOA。

1. Cell-ID 定位

Cell-ID 定位的原理是依据终端所属服务小区的位置来确定终端所处的位置。使用 Cell-ID 定位估计的终端位置将会是小区内的某个固定位置，Cell-ID 的定位方式精度取决于基站覆盖范围的大小，误差较大。在 FDD（Frequency Division Duplex）模式下，可以通过测量信号往返时间（Round Trip Time，RTT）来进一步提高定位精度。虽然 Cell-ID 定位方法精度不高，但其优点是不需要对移动终端和网络进行升级改造，成本低，并且定位响应时间短。

2. OTDOA-IPDL（Observed Time Difference of Arrival-Idle Periods DownLink）定位

OTDOA 是利用终端侧接收到多个不同基站的下行链路公共导频信号到达时间差来实现定位的。终端测算到多个基站距离的时延差后，根据基站的地理位置计算得到终端的位置。在 CDMA 系统中，终端所处的服务基站的强信号会影响其他同频基站导频信号的接收，3GPP 提出了利用基站指定下行空闲周期 IPDL 的方法来解决这一问题，服务基站在空闲周期内只发送导频信号，不发送业务信号。采用此定位方法，定位精度较 Cell-ID 有较大改善，但定位精度受限于时间测量的精度以及基站的相对位置，同时还受到多径传播的影响。

3. A-GPS（Assisted - Global Positioning System，A-GPS）定位

A-GPS 通过在移动网络中增加位置服务器等 GPS 辅助设备，配合终端的 GPS 模块，快速完成定位。A-GPS 可分为基于终端和终端辅助两种类型。基于终端的定位方法在终端内部配置功能完善的 GPS 接收处理组件，在终端侧完成定位计算。终端辅助的定位方法是将终端定位测量信息发送至网络侧定位单元处理模块完成位置估计，简化终端侧 GPS 处理单元的复杂度。

与传统 GPS 定位相比，该技术降低了终端侧 GPS 的启动和接收次数，大大缩短了 GPS 信号首次捕获时间，加快了定位速度，同时，通过网络侧获得的定位辅助信息增加了定位的灵敏度和精确度，由于终端侧 GPS 在不使用时可处于待机状态，比传统单 GPS 的方式耗电量更少。但是，该技术也存在一定的缺陷，如无法进行室内定位，且 A-GPS 定位须通过多次网络传输实现，会造成空口资源的过多占用。

4. U-TDOA（Uplink - Time Difference of Arrival）定位

U-TDOA 定位方法根据网络侧测量终端信号的到达时间差来进行定位，需要至少四个位置测量单元（Location Measurement Unit，LMU）参与测量。由于 LMU 地理位置已知，根据接收到的终端发送的接入突发脉冲或常规突发脉冲到达时刻的传输时间差，按照双曲线三边测量法计算出终端的位置。采用 U-TDOA 定位精度相对较高，不需要对移动终端进行改造，但是需要在网络侧安装 LMU，成本较高。

（二）LTE A-GNSS 定位

第三代移动通信中采用的 Cell-ID、OTDOA 等技术提高了定位技术的覆盖范围，但是定位精度有限。A-GPS 技术虽然有较高的定位精度，但是覆盖范围有待进一步提升，尤其是在 GPS 信号有遮挡、可见卫星不足四颗的场景中，A-GPS 的定位性能会受到很大影响。随着通信技术以及卫星导航技术的进一步发展，LTE 定位技术在 3G 定位技术的基础上有了进一步提升，支持网络辅助 GNSS。GNSS 是已有和将来可能会有的、全球的、区域的和增强的卫星导航系统的统称。A-GNSS 定位在终端配置了 GNSS 信号接收器，它是能够支持多种导航系统的多模接收器而不仅仅局限于 GPS。在定位过程中，不同的 GNSS 可以单独或者联合使用，将各种卫星导航系统资源整合使用，提供更加精确可靠的定位服务。在同样环境下，A-GNSS 终端可见的卫星数将会是 A-GPS 终端的 3～4 倍。例如，处于遮蔽角 30° 的终端，可视的 GPS 卫星少于 3 颗，但是同时考虑上 Galileo、北斗，则至少有 8 颗卫星可视。

因此，A-GNSS 可以提供优于 A-GPS 的定位精度和可用范围。A-GNSS 也分为基于终端和终端辅助两种方式。采用不同的定位类型，网络为终端提供的辅助信息也不同。辅助信息可大致分为两类：一类是辅助测量数据，包括参考时间、可视卫星列表、卫星信号多普勒频偏、码相位等；另一类是定位计算数据，包 E-SMLC（Evolved-Serving Mobile Location Centre，演进服务移动定位中心）提供给终端，同时，在终端辅助方式下，定位计算由 E-SMLC 完成。在网络侧，设有一个 GNSS 参考接收机网络，通常设置在无遮挡的开阔地区，用于连续接收 GNSS 信号，随时为终端定位提供卫星参考信息。

（三）短距离无线定位技术

物联网感知终端所处的环境千差万别，基于无线通信网络的定位技术与传统卫星定位技术，可以实现广域范围的目标定位，但在室内、地下等信号无法覆盖的环境中难以为继。短距离无线定位技术，如 WiFi 定位、RFID 定位等由于成本低、精度高、使用广泛等优势，适合于室内环境定位，近期在物联网定位应用中得到广泛关注。短距离无线定位的原理通常是根据终端接收到的多个信号源的信号强度和已知的信号源位置信息（如：WiFi AP、RFID 参考标签）通过计算得出定位结果，信号越多，定位越准确；因此，可以通过提高信号源节点的密度来提高定位准确度。尤其在物联网中，RFID 得到广泛使用，更为短距离定位技术的应用创造了条件。

二、定位技术在物联网中的应用现状

工信部在《物联网"十二五"发展规划》中提出要在智能工业、农业、物流、交通、电网、环保、安防、医疗、家居九大重点领域开展应用示范工程，探索应用模式。定位技术作为物联网的一项重要感知技术，借助其获取物体的即时位置信息，可以衍生一系列基于位置信息的物联网应用。特别是在交通、物流领域，物体的位置实时变化，采集的其他信息通常必须与位置信息关联才有价值，因此，定位技术在智能交通、物流领域得到广泛的应用和发展。而在医疗领域中，要实现对众多的流动医疗资源和病患的实时跟踪和管理，同样也需要依赖于定位技术。

（一）智能交通

智能交通在现有交通基础设施和服务设施基础之上借助物联网的信息采集、传输和处理能力，实现汽车与汽车之间、汽车与交通设施之间的通信，为交通参与者提供多样性的智能服务。可以说，物联网是智能交通正常运行的基础设施，智能交通是物联网产业化发展的一个重要应用领域。在智能交通方面，很多服务都依赖于对车辆实时位置信息的采集。目前主要采用GPS、A-GPS 技术进行车辆的实时定位、跟踪，从而为驾驶人员提供出行路线的规划、导航及行车安全管理等。车载导航系统走过了第一代自助式导航和第二代多媒体导航，已经步入以无线通信和互联网技术为特征的第三代导航。第三代导航系统可以利用实时路况信息，为用户进行出行规划，实现"疏堵式"导航，避免拥堵路段，同时实现远程防盗、故障诊断、求助救援等功能。

目前，国外的 TMC（Traffic Message Channel）实时路况导航系统，如日本的 VICS（Vehicle Information and Communication System）系统、欧洲的Euro-Scout 系统、美国的 RDS-TMC 系统等都已经广泛普及，能够根据道路实况规划最优行车路线，显著改善了交通拥堵、交通安全。

（二）智能物流

智能物流是将物联网技术应用于传统物流行业，通过各种传感技术获取货物存储、运输环节的各种属性信息，再通过通信手段传递到数据处理中心，对数据进行集中统计、分析和处理，为物流的管理和经营提供决策支持，提高物流效率，压缩物流成本，实现物流的自动化、信息化、网络化。在智能物流整个过程采集的数据中，都包含着货物的位置信息，定位技术在智能物流的各项应用中都有着至关重要的作用。在现阶段，定位技术主要用于货物的仓储管理、物流车辆监管以及配送过程的货物跟踪。物流公司在货物的包装或者集装箱上安装传感装置，存储货物信息，货物在每一次出入仓装卸或者经过运输线检查点时都会进行信息采集，以便实时监控货物的位置，防止物品遗失、误送等情况的发生。整个过程不只物流公司，相关客户也可以通过网络随时了解货物所处的位置。货物配送过程中采用定位技术追踪货物状态，能够有效缩短作业时间，提高运营效率，最终降低物流成本。

目前，在物流过程中，货物定位的信息载体主要有 RFID 和条形码两种形式，由于 RFID 标签成本较高，导致市场占有率还比较低；而条形码识读成功率低，识读距离较近，并且必须逐一扫描，在某种程度上影响了物流速度。相信随着技术的成熟和制作工艺的发展，RFID 的技术优势会在推动物流向更智能的方向发展得到充分体现。

（三）智能医疗

智能医疗是通过传感器等信息识别技术获取位置信息、患者体征信息等，通过无线网络的传输，实现患者与医务人员、医疗机构、医疗设备之间的互动，提高医疗机构的信息化程度，使有限的医疗资源能够为更多的人所共享。紧急医疗救援是移动定位技术最早衍生出的应用服务。随着技术的发展，目前在智能医疗方面，定位技术主要用于救护车的定位跟踪调度、医院内人员和器械的定位。在医院内部署基于短距离无线定位技术的室内实时定位系统（Real Time Location System, RTLS），对医护人员、医疗设备实时定位，在使用的时候能够迅速定位和调用，提高工作效率，同时，对病患进行跟踪看护并提供紧急呼救定位，以便在医院室内实现迅速定位，防止传染病扩散和意外事故的发生。

目前，美国 Ekahau 公司基于 WiFi 的 RTLS 已经应用于包括北京地坛医院在内的全球 150 多家医院。

三、定位技术在物联网中的发展前景与面临的挑战

据《物联网应用与产业发展监测》数据显示，2015 年，我国物联网产业市场规模达到 3650 亿元，同比增长 39%，发展势头强劲，预计 2017 年底将超过万亿元级，到 2020 年中国物联网产业将经历应用创新、技术创新、服务创新三个关键的发展阶段，成长为一个超过 5 万亿规模的巨大产业。定位技术作为物联网的关键技术之一，由其衍生的市场经济效益也将不容小觑。2015 年我国 LBS 个人市场规模达到 36.78 亿，同比增加 135%，预计 2017 年整体个人市场规模将达到 70.3 亿。

随着物联网在行业应用中的不断深入，作为物联网应用中核心要素之一的定位技术，也在交通、医疗、安防等多个方面扮演着不可或缺的角色，并呈现出以下发展趋势：

（一）定位范围不断扩大，无缝覆盖需求开始呈现

随着定位技术在物联网行业应用范围的不断扩大，新兴应用对定位的

需求已不局限于单纯的室外场景，在室内定位、多种环境下的混合定位等方面也提出了新的需求。例如门到门路径导航类应用需要实现包括车辆行驶时的室外导航、室内停车场的车位引导、用户到室内特定楼层的兴趣点导引等。在这类应用中，同时涉及 GPS、3G 定位、WiFi、RFID 等多种定位形式。要实现这类应用，需要在成本可行的前提下，围绕用户的身份、出发地和目的地等关键参数，建立不同定位能力的联动才可以做到"无缝"地满足用户整个行程的导航。

（二）定位精度趋于更高，新的应用开始出现

传统定位技术一般可以实现 10 ~ 100m 的定位精度，经过改进的新一代定位技术则可以实现 10m 甚至 5m 以内的精确定位。定位精度的不断提升，将催生新的应用，甚至会带来物联网产业的变革。目前，我国也在积极推动提高定位精度的前沿技术研究，包括基于北斗的地基增强技术、天基定位技术等，通过地面部署的卫星辅助定位设施，预计可以将定位精度提高到厘米甚至毫米级。定位精度的大幅提高，可以为军事制导、道路交通状况、路政设施安全状态监控、天气及地震预测等带来极大的能力提升。可以设想，未来基于高精度定位的道路桥梁状态实时监控系统将会为及时发现道路运输安全隐患，改善人民群众的出行安全带来极大便利。

定位技术已有数十年的历史，许多定位系统也已成熟商用。一方面，定位技术的应用为物联网发展带来巨大机遇；另一方面，物联网应用的发展也为定位技术的演进与发展提出新的挑战。具体而言，挑战一：如何保证物联网环境下的信息安全和隐私保护。物联网发展伴随着海量的信息感知和交互，信息量增长的同时也增加了信息泄露的危险系数。随着定位精度的提升，位置信息所关联的时间、对象等内涵信息也越来越丰富。定位信息倘若被窃听利用，将可能严重影响到个人隐私甚至是带来安全隐患。如何在发展定位技术的同时，保证信息的安全性，是未来将会面临的挑战。挑战二：物联网环境中大规模应用带来的成本问题。物联网实现物物相连，意味着将有数以百亿计的设备将要接入网络，并且种类繁多。目前，虽然车载终端和手机终端已经集成 GPS 模块，但是面对如此庞大的终端数目，如何控制定位成本，并且使定位技术能适用于各种类型的设备，都将是伴随着物联网发展

所将要面临的问题。

定位技术，无论是传统的 GPS 定位技术还是借助于无线网络的定位技术或者短距离无线定位技术，都有其技术优势，但也都具有一定的局限性，特别是针对物联网异构的网络和复杂的环境，未来定位技术的发展趋势必然是将多种定位技术有机结合，发挥各自的优点，不断提高定位精度和响应速度，同时扩大覆盖范围，最终实现无缝、精准、迅速、安全的定位。

第二节 基于物联网的蜂窝无线定位技术研究

一、无线定位技术

无线定位在军事和民用技术中已获得了广泛应用。现有的定位和导航系统有：雷达、塔康、LoranC、VORTAC、JTIDS（联合战术信息分布系统）、GPS 等。对地面移动用户的定位来说，这些技术中以 GPS 最为重要。近年来 GPS 发展很快，其单点定位精度达 20 ~ 40m。但是把 GPS 功能集成到移动台上需全面更改设备和网络，增加成本；且用户同时持有移动电话和 GPS 手机很不方便，所以移动用户及设备生产商和网络运营商希望能直接由移动台实现定位。直接利用移动台进行定位已研究多年，近年来，由于对移动台用户定位的需求增加，进一步推动了无线定位的研究。2011 年美国联邦通信委员会（FCC）颁布了 E-911 法规，要求 2013 年 10 月 1 日起蜂窝网络必须能对发出紧急呼叫的移动台提供精度在 125m 内、准确率达到 67% 的位置服务。1998 年又提出了定位精度为 400m、准确率不低于 90% 的服务要求。2016 年 FCC 对定位精度提出新的要求：对基于网络定位的精度为 100m、准确率达 67%，精度 300m、准确率达 95%；对基于移动台的定位为精度 50m、准确率 67%，精度 150m、准确率 95%。FCC 的规定大大推动了蜂窝无线定位技术的发展。

在蜂窝系统中实现对移动台的定位除了满足 E-911 定位需求外，还具有以下重要用途：

（1）基于移动台位置的灵活计费，可根据移动台所在不同位置采取不同的收费标准。

（2）智能交通系统（ITS），ITS系统可以方便提供车辆及旅客位置、车辆调度、追踪等服务。

（3）优化网络与资源管理，精确监测移动台，使网络更好决定进行小区切换的最佳时刻。同时，根据其位置动态分配信道，提高频谱利用率，对网络资源进行有效管理。

（4）信息服务，对移动台和旅行者定位并向其提供所在区域的信息及其他服务。自E-911法规颁布以来，由于政府的强制性要求和市场利益的驱动，对提供定位服务的研究日益得到重视，无线定位受到人们的广泛关注，各大通信公司、许多大学和研究所均投入了对此项技术的研究。本文综述了在蜂窝移动网络中实现无线定位的实施方案、定位方法、应用特点，针对该技术的发展，提出了研究中有待解决的关键问题和思路。

二、两种无线定位方案

对移动台的定位是通过检测移动台和基站之间传播信号的特征参数来获得其几何位置，根据进行定位估计位置不同将定位方案分为基于移动台的定位和基于网络的定位。

（一）基于移动台的定位移动台

利用来自基站的信号计算出自己的位置称为基于移动台的定位，也称前向链路定位。它根据接收到的多个已知位置基站发射信号携带的与移动台位置有关的特征信息来确定其与各基站之间的几何位置关系，再根据算法对移动台进行定位估计。移动台定位技术包括全球定位系统（GPS）、基于移动台发送、接收信号的定时或角度的覆盖三角技术（TOA、E-OTD）以及起源蜂窝小区（COO）。目前在无线网络广泛使用的技术是起源蜂窝小区，该方案已被用来满足美国第一阶段的"911"紧急服务需求、基于位置的付账和一些需要位置信息的服务。

（二）基于网络的定位

网络利用移动台传来的信号计算出移动台位置的定位称为基于网络的定位，这类系统在蜂窝网络中也叫做反向链路定位系统。其定位过程是由多个基站同时检测移动台发射的信号，并对这些信号进行精确的到达时间（TOA）的测量，把各接收信号携带的与移动台位置有关的特征信息送到一个定位服务中心进行处理，得到移动台的位置估计。定位服务中心可看作事务处理器，它对来自不同移动台的位置测量请求，选择适当的定位接收机对指定的移动台进行所需定位区测量，收集来自定位接收机的定位区测量，将所有信息进行综合得到定位测量，并把该定位测量传送给发出请求的移动台。采用基于网络的定位系统优点是无需修改移动台。从上述各定位系统的基本特征可以看出，在蜂窝网络中采用基于移动台的前向链路定位方案必须对现有移动台进行适当修改，如集成 GPS 接收机或能同时接收多个基站信号进行自定位的处理单元。基于网络的反向链路定位方案只需对蜂窝网络设备做适当扩充、修改，无须改动移动台，能利用现有蜂窝系统实现。

三、无线定位方法

在蜂窝系统中采用的定位技术主要有以下几类：

（一）场强定位

移动台接收的信号强度与移动台至基站的距离成反比关系，通过测量接收信号的场强值和已知信道衰落模型及发射信号的场强值可以估算出收、发信机之间的距离，根据多个距离值可以估算移动台的位置。由于小区基站的扇形特性、天线有可能倾斜、无线系统的不断调整以及地形、车辆等因素都会对信号功率产生影响，故这种方法的精度较低。

（二）起源蜂窝小区（COO）

COO 的最大优点是它确定位置信息的响应时间快（3s 左右），而且 COO 不用对移动台和网络进行升级就可以直接向现有用户提供基于位置的服务。但是，COO 与其他技术相比，其精度是最低的。在这个系统中，基站所在的蜂窝小区作为定位单位，定位精度取决于小区的大小。

（三）增强观测时间差分（E-OTD）

E-OTD 是通过放置位置接收器实现的，它们分布在较广区域内的许多站点上，作为位置测量单元以覆盖无线网络。每个参考点都有一个精确的定时源，当移动台和位置测量单元接收到来自至少三个基站信号时，从每个基站到达移动台和位置测量单元的时间差将被计算出来，这些差值被用来产生几组交叉双曲线，由此估计出移动台位置。E-OTD 会受到市区多径效应的影响。这时，多径使信号波形畸变并引入延迟，导致 E-OTD 在决定信号观测点上比较困难。E-OTD 定位精度比 COO 高 50～125m。但它的响应速度较慢（5s），且需要改进移动台。

（四）到达时间（TOA）和时间差（TDOA）

基于网络的定位系统中通常采用精度较高的 TOA 或 TDOA 定位法。TOA 中，移动台位于以基站为圆心，移动台到基站的电波传播距离为半径的圆上。在多个基站进行上述计算，则移动台的二维位置坐标可由三个圆的交点确定。TOA 要求接收信号的基站、移动台知道信号的开始传输时刻，并要求基站有非常精确的时钟。TOA 提供的定位精度比 COO 高，但是它的响应时间比 COO 或 E-OTD 更长（约 10s）。TDOA 是通过检测信号到达两个基站的时间差，而不是到达的绝对时间来确定移动台的位置，降低了时间同步要求。移动台定位于以两个基站为焦点的双曲线方程上，确定移动台的二维位置坐标需要建立两个以上双曲线方程，两条双曲线的交点即为移动台的二维位置坐标。直接利用 TOA 或 TDOA 估计值求解上述非线性定位圆或定位双曲线方程组来确定移动台的位置比较困难，在有一定时间测量误差时由于各定位圆或双曲线可能没有交点而不能进行正常定位。

在实际应用中通常采用最小均方误差算法，通过使非线性误差函数的平方和取得最小这一非线性最优化来估计移动台位置。特别是 TDOA 定位由于不要求移动台和基站之间的同步，在误差环境下性能相对优越，在蜂窝通信系统的定位中倍受关注。基于时间的定位要求基站从接收到的射频信号中提取准确的时延估计值。获得时延的方法有两种：一种是采用滑动相关器或匹配滤波器的时间粗探测方法，粗探测过程由滑动相关器、匹配滤波器或连续探测电路来实现，将时延估计值锁定在 1 个码片间隔内；另一种是采用延时锁相环（DLL）的精探测方法，精探测由 DLL 维持本地及输入 PN 序列一致。

（五）到达角（AOA）

在基站通过阵列天线测出移动台来波信号的入射角，构成从基站到移动台的径向连线，两根连线的交点即为待定位移动台的位置。这种方法不会产生二义性，因为两条直线只能相交于一点。它需要在每个小区基站上放置4~12组的天线阵，这些天线阵一起工作，从而确定移动台发送信号相对于基站的角度。当有多个基站都发现了该信号源时，那么它们分别从基站引出射线，这些射线的交点就是移动台的位置。AOA 的缺点是到达角估计会受到由多径和其他它环境因素所引起的无线信号波阵面扭曲的影响，移动台距离基站较远时，基站定位角度的微小偏差会导致定位距离的较大误差。

（六）GPS 辅助定位（A-GPS）

网络将 GPS 辅助信息发送到移动台，移动台得到 GPS 信息，计算出自身精确位置，并将信息发送到网络。A-GPS 有移动台辅助和移动台自主两种方式。移动台辅助 GPS 定位是将传统 GPS 接收机的大部分功能转移到网络上实现。网络向移动台发送短的辅助信息，包括时间、卫星信号多普勒参数和码相位搜索窗口。这些信息经移动台 GPS 模块处理后产生辅助数据，网络处理器利用辅助数据估算出移动台的位置。自主 GPS 定位的移动台包含一个全功能的 GPS 接收器，具有移动台辅助 GPS 定位的所有功能，再加上卫星位置和移动台位置计算功能。A-GPS 的优点是网络改动少，网络不需增加其他设备，网络投资少，定位精度高。由于采用了 GPS 系统，定位精度较高，理论上可达到 5~10m。缺点是现有移动台均不能实现 A-GPS 定位方式，需要更换，从而使移动台成本增加。其他还有一些利用扇区波束、切换过程等的定位方法，但其精度对大多数定位应用来说是不够的。在以上介绍的定位方法中，场强定位法最简单，但定位精度较差；AOA 定位虽有一定精度，但接收设备较复杂；TOA 定位精度较高，但对时间同步要求较高；TDOA 能消除对时间基准的依赖，可降低成本并仍保证一定的定位精度。故目前受到广泛关注和深入研究的是基于 TOA 或 TDOA 的网络定位。

四、无线定位的应用

（一）GSM 中的无线定位

GSM 系统具有知道用户所在小区的基本定位能力，采用 TOA 定位方法后，能提高定位精度。TOA 定位的过程是，移动台在业务信道上发出接入突发信号，定位测量单元（LMU）接收到信号到达的绝对时间后，得到相对时间差（RTD），移动定位服务中心（SMLC）计算突发信号到达时间差（TDOA），得到精确位置。当移动台要获得移动台的位置时，向 SMLC 发出请求，移动台号码和定位精度要求。SMLC 根据测量的 TOA 参数及其误差值可计算出移动台位置，再将位置信息和误差范围发回请求的移动台。TOA 定位需要附加硬件 LMU，以达到精确计算突发信号到达时间的目的。实现方式有多种：LMU 既可集成在基站内，也可作为单独设备。LMU 作为单独设备时，既可有单独的天线，也可与基站共享天线，通过空中接口实现网络间通信。对于 GSM 定位系统，目前定位精度可达 100m。

（二）CDMA 系统的无线定位

IS-95 中上行链路由接入信道和反向业务信道组成，理论上它们都可作为无线定位的接入信号。但反向业务信道仅在呼叫进程中才能利用，故 CDMA 无线定位中采用了接入信道信号。反向接入信道发起同基站的通信，以接入信道中的自动登记数据作为定位信号，而不利用反向业务信道的信息实现定位，这就不需要基站传递和处理信息给移动台而消耗系统资源，且利用自动注册数据在移动台处于空闲状态时可获得定位信息。在 CDMA2000 中，在网络控制命令下，移动台把 GPS 的测试结果和 CDMA 无线信号的测试结果报告给网络。网络处理这些信息并根据这些信息确定移动台的位置，移动台和网络之间的信息交换通过突发完成。在 CDMA 系统中采用 TDOA 定位也面临一些问题，如由于功控，当移动台靠近基站时信号功率降低，使得当移动台离开一个基站而向另一个基站靠近时 TOA 测量精度下降。

五、无线定位的发展

在蜂窝网络中，多径效应、非视距（NLOS）传播和多址干扰等因素降低了定位精度，如何克服这些因素的影响是无线定位研究的关键。

（一）多径传播

多径是移动台定位的主要误差源，各种定位法均会由于多径传播引起时间测量误差。窄带系统中各多径分量重叠将造成相关峰位置偏差，宽带系统能够在一定程度上实现对各多径分量分离，据此可以改善定位精度。但是若反射分量大于直达分量、干扰影响等均会引起精度降低。目前已提出一些抗多径传播的有效方法，如高阶谱估计、最小均方估计及扩展的卡尔曼滤波（EKF）等。

（二）NLOS 传播

即使在无多径效应和采用高精度定时的情况下，NLOS 传播也会引起 TOA 或 TDOA 测量误差。因此，如何降低 NLOS 传播的影响是提高定位精度的关键。目前降低 NLOS 传播影响的方法有利用测距误差统计的先验信息将一段时间内的 NLOS 测量值调节到接近 LOS 的测量值；降低 LS 算法中 NLOS 测量值的权重，在 LS 算法中增加约束项等。

（三）多址干扰

在 CDMA 系统中，多址干扰在基于时间的定位系统中会严重影响时间粗捕获和延时锁相环的工作。

CDMA 的功控对其通信功能来说可大大降低多址干扰，但对定位来说，采用功率控制使多个参与定位基站难于同时正确测量 TOA 或 TDOA。因为移动台必须与多基站联合工作，而功控仅联系一个基站，因而作用较小。可以采用临时提高求救手机功率的办法克服远近效应，但在有多个呼叫时此法不适用。

（四）基站覆盖

移动台定位一般要求同时与 3 个或 3 个以上基站相关处理。现有蜂窝系统用于通信设计时主要考虑移动台仅与一个基站联系，仅在小区边沿需要切换才与邻近几个基站联系。它尽量使移动台收到强的基站导引信号以保持相干接收，同时，在切换到另一基站前收到相邻基站导引信号尽量小。目前的网络在有些地区如乡村地区覆盖差，在城市地区由于多径等因素有时也可能难于保证移动台与 3 个以上的基站的联系。无线定位与网络设计密切相关。自无线定位服务提出以来，人们除了进行理论上的研究外，一些公司还开展了以第二代移动通信系统为平台的现场试验。如美国 True Position 公司，针对 AMPS 体制，采用 TDOA 方法，New Jersey 地区用 24 个基站进行试验，在 3000 实际 911 呼叫和 80000 个试验呼叫中，定位误差为 600 英尺。Lucent 公司针对 IS-95CDMA 系统，利用 TDOA 方法，New Jersey 和 New York 郊镇进行了实验，精度接近 True Position 的结果。日本 NTT 公司和 Toho Ku 大学合作，采用 WCDMA 系统，在两基站环境下，利用三步法实现了准确率达90%、基站搜索时间小于0.7s 的基站搜索方法实验。

第三节　物联网中几种定位技术应用的比较分析

无线通信技术的成熟和发展，带动了物联网时代的到来。越来越多的无线网络技术，例如 WiFi、WiMax、ZigBee、Adhoc、Bluetooth、RFID 和 Ul-tra Wide Band（UWB），在办公室、家庭、工厂、公园等大众生活的方各面正得到广泛应用，基于无线网络的物联网应用已蓬勃发展起来，并且具有广阔的发展前景。

一、几种常用的定位技术

无线通信技术的成熟和发展，带动了新兴物联网的出现，越来越多的应用都需要自动定位服务。以下就目前常见的技术几个无线定位技术如 RFID 技术、ZigBee 技术和 UWB 技术做个比较。

（一）RFID 技术

RFID 是 Radio Frequency Identification 的缩写，即射频识别，常称为感应式电子芯片或近接卡、感应卡、非接触卡、电子标签、电子条码等。射频识别是一种利用无线射频方式在读写器和电子标签之间进行非接触的双向数据传输，以达到目标识别和数据交换目的的技术，也是目前市场上使用的比较成熟的产品之一。RFID 射频识别是一种非接触式的自动识别技术，它通过射频信号自动识别目标对象并获取相关数据，识别工作无须人工干预，可工作于各种恶劣环境。RFID 技术可识别高速运动物体并可同时识别多个标签，操作快捷方便。其中，电子标签又称为射频标签、应答器、数据载体；阅读器又称为读出装置、扫描器、通讯器和读写器（取决于电子标签是否可以无线改写数据）。电子标签与阅读器之间通过耦合组件实现射频信号的空间（无接触）耦合、在耦合通道内，根据时序关系，实现能量的传递、数据的交换。

(二) 系统特点

在实际应用中，感应 (非接触) 式巡检系统正全面取代接触式系统，而被大多数用户采用。它具有以下特点。

(1) 快速识别。RFID 辨识器可同时辨识读取数个 RFID 标签。

(2) 体积小型化、形状多样化。RFID 在读取上并不受尺寸大小与形状限制，可应用于不同产品。

(3) 抗污染能力和耐久性。RFID 对水、油和化学药品等物质具有很强抵抗性，RFID 卷标是将数据存在芯片中，因此可以免受污损。

(4) 可重复使用。RFID 标签可以重复地新增、修改、删除 RFID 卷标内储存的数据，方便信息的更新。

(5) 穿透性和无屏障阅读。在被覆盖的情况下，RFID 能够穿透纸张、木材和塑料等非金属或非透明的材质，并能够进行穿透性通信。

(三) 应用实例

目前 RFID 的应用非常广泛，典型应用有物流、制造业、医疗、身份识别、交通等。

(1) 物流。物流过程中的货物追踪，信息自动采集，仓储应用，港口应用，邮政，快递。

(2) 制造业。生产数据的实时监控，质量追踪，自动化生产。

(3) 医疗。医疗器械管理，病人身份识别，婴儿防盗。

(4) 身份识别。电子护照，身份证，学生证等各种电子证件；驯养动物，畜牧牲口，宠物等识别管理。

(5) 交通。出租车管理，公交车枢纽管理，铁路机车识别等。

二、ZigBee 技术

ZigBee 是 IEEE802.15.4 协议的代名词。根据这个协议规定的技术是一种短距离、低功耗的无线通信技术。ZigBee 在中国被译为"紫蜂"，它与蓝牙相类似，是一种新兴的短距离无线技术。

(一) 基本原理

ZigBee 技术就是通过在待定位区域布设大量的廉价参考节点，这些参考节点间通过无线通信的方式形成了一个大型的自组织网络系统，当待定位区被感知对象的信息时，在通信距离内的参考节点能快速的采集到这些信息，同时利用路由广播的方式把信息传递给其他参考节点，最终形成了一个信息传递链并经过信息的多级跳跃回传给终端电脑加以处理，从而实现对一定区域的长时间监控和定位。

（二）系统特点

（1）数据传输速率低。仅 10KB/s 到 250KB/s，专注于低传输应用。

（2）功耗低。在低耗电待机模式下，两节普通 5 号干电池可使用 6 个月到 2 年，免去了充电或者频繁更换电池的麻烦。这也是 ZigBee 的支持者所一直引以为豪的独特优势。

（3）成本低。因为 ZigBee 数据传输速率低，协议简单，所以大大降低了成本。且 ZigBee 协议免收专利费。

（三）应用实例

ZigBee 并不是用来与蓝牙或者其他已经存在的标准竞争，它的目标定位于现存的系统还不能满足其需求的特定的市场，它有着广阔的应用前景，其应用领域主要包括以下几方面。

（1）家庭和楼宇网络。空调系统的温度控制、照明的自动控制、窗帘的自动控制、煤气计量控制、家用电器的远程控制等。

（2）工业控制。各种监控器、传感器的自动化控制，井下矿工的定位等。

（3）商业。智慧型标签等。

（4）公共场所。烟雾探测器等。

5. 农业控制。收集各种土壤信息和气候信息。

三、UWB 技术

UWB 是一种无线载波通信技术，与常见的通信方式使用连续的载波不同，UWB 采用极短的脉冲信号来传送信息，通常每个脉冲持续的时间只有几十 ps 到几 ns 的时间。这些脉冲所占用的带宽甚至高达几 GHz，因此最大数据传输速率可以达到几百 Mbps。

（一）基本原理

UWB 定位系统设定几个定位参考点，以接收待测点（数量上百）发出的高斯脉冲信号。当一个高斯脉冲中代码序列被参考点收到时，它将在一个时间整合相关器内与当前产生的一个对照序列作比较。当收到信号的位移与对照信号相吻合，即出现一个相关高峰信号。处理接收到的脉冲序列得到接收时间，从而利用定位算法计算得到待测点的坐标。

（二）系统特点

UWB 作为一项新的短距离无线通信技术，具有以下一些传统的通讯技术无法比拟的优势。

（1）定位精度高。运用到达时间差（TODA）和到达时间角度（AOA）的混合定位方法，利用三维坐标将定位误差降到最小。

（2）范围覆盖广。UWB 属于中短距离范围内的通讯技术，非常适合构建室内环境的实时定位系统。目前的单个传感器定位单元的覆盖面积达到 $300m^2$，传感器网络的信号发射节点跟信号接收节点之间的最大距离达到 60m。

（3）实时性好。相对于其他定位技术，UWB 定位一个很大的优势就是它具有较好的实时性。

（4）穿透力强。UWB 信号具有非常强的穿透力。UWB 信号能穿透树叶、土地、混凝土、水体等介质，因此军事上 UWB 雷达可用来探测地雷，民用上可查找地下金属管道、探测高速公路地基等。

（5）通信能力。由于 UWB 使用的频点较高，它的数据传输速率相当高。

（6）功耗低。UWB 系统使用间歇的脉冲来发送数据，脉冲持续时间很短，一般在 0.2～1.5ns 之间，有很低的占空因数，因此系统功耗很低，在高速通信时系统的耗电量仅为几百微瓦至几毫瓦。

（三）应用实例

UWB 由于功耗低、抗多径效果好、安全性高、系统复杂度低，尤其是能提供非常精确的定位精度等优点，已成为未来无线定位技术的热点和首选。但相比较其他的定位技术，它的成本和造价相对要高一些，目前在国内的民用工业中的应用主要石油、电力和民航等大型企业的野外人员、物资精确定位、传感器网络、机器人运动跟踪等。各种定位技术应用比较综上所述，物联网在各个行业的应用已经非常广泛，而且应用的范围也有很多交叉，但是由于在不同环境和场合下要求的定位精度不同，使用范围还是有所区别。在实际工作的应用中，根据安装环境的不同以及精度、距离等的差别，它们还有着不同的使命。我国的物联网研究与应用经过近 10 年的发展，目前基本上已处于与国际水平同步的阶段，并且有了一些自主研发的、具有自主知识产权的产品，随着物联网的迅速发展和应用，物联网必将成为人们日常工作和生活不可缺少的一部分。

第四节　物联网汽车通信定位技术

一、短距离无线通信技术

目前部分汽车配备 GPS 导航设备，该设备通过卫星定位自己的位置，并通过软件实现出发点到目的地的路线查找，并不能感知周围车辆的信息。由于导航设备的独立性，导致每辆车都是单独运行的节点，不能将所有的车辆整合到整个网络中。随着物联网概念的提出和发展，传感网络和 M2M 技术已经很成熟。使用 M2M 技术可以实现两个智能节点间的通信，进行形成整个的传感网络。由于车辆的流动性较大，所以其通信的网络应为无线传感网络。

（一）几种常用短距离无线通信技术比较

目前，短距离无线通信技术有 ZigBee 技术、红外技术、数字增强无绳电话技术、家庭无线电射频技术、蓝牙技术、超宽带无线通信技术（UWB）、IEEE802.11X 技术和射频识别技术等。ZigBee 技术是一种具有统一技术标准的短距离无线通信技术，其 PHY 层和 MAC 层协议为 IEEE802.11.4 协议标准，网络层和应用层由 ZigBee 联盟制定，用户根据自己的需要在应用层开发应用程序。该技术为用户提供了机动、灵活的组网方式。1993 年由 20 多个厂商提出了红外技术，成立红外技术协会并统一了红外通信标准。红外技术采用 850nm 的红外光传输信息，传输距离小于 10m，通信角度不能超过

30°。红外技术工作原理比较简单，但是传输距离太短，通信设备之间不能有障碍物的存在，只能用于两台设备之间的直线连接。数字增强无绳通信（DECT）系统是由欧洲电信标准协会制定的增强型数字无绳电话标准，可为高用户密度，小范围话音和数据通信提供高质量服务。该技术采用 1.8GHz 频段以及微小区蜂窝结构，话音编码采用 32kbps 的 ADPCM。一个终端可以在所有载频和任意组合时隙单元中进行无线寻址，传输的信息大多是语音信息，并在不影响语音信息的传输质量的基础上，增加了数字传输业务。家庭无线电射频无线联网标准是由西门子、摩托罗拉等公司于 1998 年发起组建的 HomeRF 工作组负责研发的。其研发最初是为家庭无线联网提供一种成本低廉、使用和组网方便的通信指标，它集成了 IEEE802.11 与 DECT 等无线标准优势，降低了语音和数据传输的成本。该技术在 2016 年快速发展，但是该技术的抗干扰能力存在较大缺陷，在与其他标准协议竞争中丧失了其技术的优势地位。

蓝牙技术是在 1998 年 5 月由爱立信、诺基亚、东芝、IBM 和 Intel 公司五家厂商提出的，并成立了蓝牙技术推广小组。蓝牙技术替代了电子设备上使用的电缆或连线，工作在 2.4GHz，采用以每秒钟 1600 次的扩频调频技术，通信距离为 10 ~ 100m，传输速率已从 720kbps 发展到 3Mbps。目前主要应用在手机的无线耳机、交互式游戏机、汽车电子的无线接入、控制等。超宽带（UWB）技术是一种新型的无线通信技术。该技术的工作在 3.1 ~ 10.6GHz，工作带宽为 7.5Gbps，传输距离为 10m。该技术具有宽的信号宽带，与其他无线技术共享频带，传输信息的速率极高，而且具有低功耗、隐蔽性好、信号多径效果好等优点，并为解决日趋紧张的频带资源难题提供了新的解决方案，受到人们的广泛关注。

射频识别（RFID）技术是一种非接触式的自动识别技术。最简单的射频系统由标签（Tag）、阅读器（Reader）、天线（Antenna）3 部分组成，使用中还涉及硬件和软件的支持。该技术能够实现点到点的无线通信，主要用于野生动物跟踪、公路和停车收费系统等领域，其主要缺点是传输范围小，只能点对点通信。对上述的各种通信技术的总结，对其工作频段、传输数据的格式、功耗、传输方式、连接设备数等进行比较。本系统中要求设备数目较大，且通信频段最好为免付费、免申请（国内为 2.4GHz），节点能够实时地识别网络并加入网络。

从各种短距离无线通信的比较，以及本文系统设计中的通信要求，可以得出 ZigBee 短距离无线通信满足系统设计的要求。ZigBee 无线网络工作在 2.4GHz 免申请、免付费无线频段，功耗低，可以实现点对多点的传输方式，连接设备数大，为本系统的研究和设计提供了无线传输方式。

（二）ZigBee 技术介绍

ZigBee 技术是一种短距离无线通信技术，协议栈中 PHY 层和 MAC 层为 IEEE802.15.4 协议标准。根据 IEEE802.15.4 标准协议，ZigBee 有 3 个工作频段，这 3 个工作频段分别是 868MHz、915MHz 和 2.4GHz 频段。由于在该技术标准中，各频段的调制方式和传输速率不同，因此每个频段上的通信信道数目也不同。在 2.4GHz 频段上有 16 个通信信道，该频段为免付费、免申请的频段，是全球通用的工业、科学、医学频段，2.4GHz 频段数据传输速率为 250kbps。另外 915MHz 频段有 10 个信道，传输速率为 40kbps，868MHz 频段有只有 1 个信道，传输速率 20kbps。ZigBee 网络拓扑中，可构成为星形网络或者点对点网络。在每一个 ZigBee 无线网络内，设备连接地址码分为 16bit 短地址或者 64bit 长地址，可容纳的最大节点个数分别为 162 和 642 个，具有较大的网络容量。ZigBee 设备通信距离为 30~70m，扩大发射功率后可传输更远，且设备具有能量检测和链路质量指示能力，根据检测的能量和链路质量结果，设备可自动调整发射功率，在保证通信链路质量的条件下，降低发射功率。ZigBee 技术对传输的数据采用了加密处理，加密算法密匙长度为 128 位，保证 ZigBee 设备之间通信数据的安全性。ZigBee 体系结构的各个简化标准是由层来量化的。ZigBee 协议中的每一层完成自己的任务，并且向上层提供服务。ZigBee 技术的协议栈结构主要由物理（PHY）层、媒体接入控制（MAC）层、网络/安全层和应用框架层组成。

ZigBee 协议栈中物理层通过物理层管理实体接口（PLME）对物理层数据和物理层层管理提供服务，MAC 层通过 MAC 层管理实体服务接入点（MLME-SAP）向 MAC 层数据和 MAC 层数据管理提供服务。MAC 层数据服务可以通过物理层数据服务发送和接收 MAC 层协议数据单元（MPDU）。

ZigBee 技术的网络层 / 安全层主要用于 ZigBee 的 LR–WPAN 网的组网连接、数据管理以及网络安全等；应用框架层为 ZigBee 技术的实际应用提供应用框架模型，方便用户对 ZigBee 技术进行应用开发。在 ZigBee 网络节点分为 ZigBee 协调器、路由器、终端节点，协调器用来产生和维护网络，路由器用来转发数据，终端节点采集数据并发送给路由。网络中协调器必不可少，用来产生和维护网络，若没有协调器，则网络不能产生。本文设计要求网络中不能有如协调器之类的设备，即网络已经存在，每个单独的节点就是协调器、路由器和终端节点，两个单独节点在没有其他设备辅助的情况下完成网络的形成和维护。由此，ZigBee 网络虽然提供了网络支持，但是其组网方式成为本系统的缺陷。

（三）SNAP 网络

CEL 公司与 Synapse wireless 合作开发 SNAP 网络，颠覆 ZigBee 传统的开发方式。SNAP 网络协议是一款由 Synapse 公司开发的无线 mesh 网络协议，Synapse 公司是国际上专业的无线网状网软硬件解决方案提供商，SNAP 为复杂的 ZigBee 网络提供一个简单、可靠、智能的完整组网方案，同时，因为使用 "对等网络" 概念，功耗优化明显，冗余性能优异。其建立在 IEEE802.11.4 标准之上，工作在 868MHz、900MHz 和 2.4GHz，其中 2.4GHz 为我国的免费工作频段。SNAP 网络在组网过程中无须设置协调器、路由器和端节点，每一个 SNAP 节点都可以作为协调器、路由器和端节点，自主组网并维护网络。

当网络中一个节点信号不好或者失效的时候，自主寻找其他路径，完成信息传输，为真正的自组 Mesh 网络。具有很多优点：无须组网过程，无须预先构架网络拓扑，每个节点具有协调器、路由器和节点功能。内置 Python 虚拟机，以脚本方式编程，可在运行时调用所有功能。可以空中下载程序（Update On The Air）。支持集体协商睡眠。使用 3 字节地址，单个网络 1600 多万个节点，65536 个子网络，16 个射频通道，总共 2 亿 6 千万个节点，使用 Python 技术开发极其简单。从上述 SNAP 网络的优点，可以看出其为及其先进的一种网络协议。对于定义为某网络的节点进入该网络的范围时会自主加入网络。网络节点对等，若两个同一网络的节点在没有协调器的情况下，会自主识别对方节点，并相互通信。在网络传输过程中，若有一个节点失效或者信号较差，则重新确定新的传输路径，将数据传送给目的节点。SNAP 网络操作系统代码目前不开放，但是系统为用户开发应用提供了多个函数接口。并且内置 Python 虚拟机，对协议和硬件进行管理。

使用 SNAPpy 语言开发应用程序，通过系统的接口函数，用户可以直接操作硬件和对系统进行配置。用户应用程序可以空中下载，使得可以实际应用中随时的对应用程序进行升级。从 SNAP 网络操作系统与 ZigBee 协议对比可以看出，SNAP 协议更加强大和先进。由于本文中设计的通信系统要求无论来自何地的车辆，都能够实现相互通信。ZigBee 网络需要协调器来产生网络并且进行维护，其整个网络必须且只能有一个协调器，对于流动性较强，行动范围较大的车辆通信具有很多局限性，而 SNAP 网络则完全避免了这种情况的发生，其自身具备协调器、路由器和端节点的所有功能，只要两个节点配置为同网络的节点，则无论在哪里，只要两个节点进入对方的电波覆盖范围，就可以相互通信，形成真正的 Mesh 网络。所以，本文中使用 SNAP 网络协议进行系统设计更适合。SNAP 网络操作系统功能比传统 ZigBee 协议栈要强大很多，而传统的 TI 系列 CC2430/CC2431 等无线芯片无法满足 SNAP 网络操作系统的运行。SNAP 推荐的硬件平台有很多，包括SynapseRF100SNAPEngine、CELZIC2410chip、ATMELATmega128RFA1chip、SynapseRF200SNAPEngine 等。在众多的可支持运行芯片中，在国内比较流行的射频芯片是 CEL 公司的 ZIC2410 芯片，其性能较高，同时也是 SNAP 网络操作系统的推荐硬件平台。

二、定位技术

本文在设计过程中除了要求车辆之间可以相互通信外，还要有定位功能，定位功能可以确定节点本身的位置，并通过无线传感网络将自己的信息发布给其他节点，达到整个网络节点的定位，避免车辆直接的碰撞。目前常用的定位技术有：GPS 定位、基站定位、WiFi 定位、RFID/ 二维码定位等。

GPS 与 A-GPS 定位：常见的 GPS 定位原理是，空间部分由 24 颗工作卫星组成，使得在全球任何地方、任何时间都可观测到 4 颗以上的卫星，用户设备（GPS 模块）测量出已知位置的卫星到用户接收机之间的距离，然后综合多颗卫星的数据就可知道接收机的具体位置。GPS 系统使用的伪码一共有两种，分别是民用的 C/A 码和军用的 P（Y）码。民用精度约为 10 米，军用精度约为 1 米。GPS 的优点在于无辐射，但是穿透力很弱，无法穿透钢筋水泥。通常要在室外状态下才行，信号被遮挡或者削减时，GPS 定位会出现漂移，在室内或者较为封闭的空间无法使用。正是由于 GPS 的这种缺点，所以经常需要辅助定位系统，也就是 A–GPS 帮助完成定位。A–GPS 通常是借助网络基站完成定位的不足，弥补了 GPS 无法在封闭区域内的定位，但是该定位原理需要运营商辅佐完成，会产生额外的费用。

基站定位（Cell–ID 定位）：小区识别码（Cell–ID）通过识别网络中哪一个小区传输用户呼叫，并将该信息翻译成纬度和经度来确定用户位置。Cell–ID 实现定位的基本原理：无线网络上报终端所处的小区号（根据服务的基站来估计），位置业务平台把小区号翻译成经纬度坐标。基本定位流程：

（1）设备先从基站获得当前位置（Cell–ID）。

（2）设备通过网络将位置传送给 A–GPS 置服务器。

（3）A–GPS 服务器根据位置查询区域内当前可用的卫星信息，并返回设备。

（4）设备中的 GPS 接收器根据可用卫星，快速查找可用的 GPS 卫星，并返回 GPS 定位信息。

WiFi 定位：WiFi 设备只要侦听一下附近都有哪些热点，检测每个热点的信号强弱，然后把这些信息发送给网络上的服务端。服务器根据这些信息，查询每个热点在数据库里记录的坐标，然后进行运算，确定用户的具体位置。一次成功的定位需要两个先决条件：客户端能上网，侦听到的热点的坐标在数据库里已经存在。

RFID、二维码定位：通过设置一定数量的读卡器和架设天线，根据读卡器接收信号的强弱、到达时间、角度来定位。目前无法做到精准定位，布设读卡器和天线需要有大量的工程实践经验难度大，另外从成本上来讲不及 WiFi 经济实用。

结合上述各种定位方式的介绍和本文定位要求，使用 GPS 和 A–GPS 定位方式可以满足系统的定位要求，但是 A-GPS 的定位精度虽然很高，但是需要运营商辅佐，产生额外的使用费用。由于本文是对汽车通信定位方式的探讨，在研究过程中暂时不关心定位精度的问题，则在本文中使用 GPS 卫星定位作为系统的定位方式。设计中可以通过 GPS 模块来接收卫星信息，根据接收信息中经纬度数据确定车辆的位置，达到车辆定位的目的。

三、系统框架搭建

通过上述短距离无线通信技术和定位技术的比较，本文设计在通信网络上使用 SNAP 网络，定位方式上基于 GPS 定位。

（一）网络拓扑的随机性

SNAP 网络中节点的平等性（无须架构网络拓扑，每个节点都可以作为协调器、路由器和节点），使得流动性较大的车辆可以不因地点的改变而与其他节点的不兼容。A、B、C、D 四辆车在彼此的网络覆盖范围内，形成网络连接，每辆车之间相互通信，将自己的位置、速度等信息发布给其他车辆。E 车未在 ABCD 网络内，则不与其通信。到 T2 时间后，每辆车的位置发生了变化，车辆间距扩大或者减小，部分车辆离开网络，与其他的车辆达到网络覆盖范围后，形成新的网络。在 T2 时刻，随着车辆位置的变化，其网络也随着变化，ABCD 网络已经不存在。形成了 ABD、CD、CE 网络，每个小网络中的节点之间可以相互通信，告知其他节点自己的位置和速度等信息。在 T3 时刻，车辆的位置继续发生变化，其网络拓扑结构随之变化，同样伴随着新的网络的形成和旧的网络的解散。在 T3 时刻，车辆的位置变化依旧使得网络拓扑发生变化，由 T2 时刻的 3 个小型网络变成了 AB 和 CDE 两个小型网络。

在 SNAP 网络中，无须对节点的属性进行设置，即没有特定的网络拓扑，节点间只要属性配置相同，就同属于一个网络。由于无线电发射距离的限制，节点间通信距离有限，所以只有在其电磁波覆盖范围内的节点间可以通信，从而使得节点形成了随机小型网络。一个节点可以同时跨越两个小型网络，即充当两个小型网络的节点。

（二）无线数据格式

在定位中使用的是 GPS 定位方式，在没有电子地图的情况下，其定位是盲目的，涉及两个节点的定位时，就需要知道彼此的 GPS 定位信息才能够确定其位置和距离。GPS 定位信息中包含了节点在地面运动的基本信息，包括节点经纬度、速度、方向、时间等信息，其中经纬度、速度、方向是本系统定位计算时的必要信息。节点只需要将自己的信息发布出去，其他节点接收其信息，并根据自己的定位信息计算出其他车辆的位置。在信息发布中，要确定信息的唯一性，使得接收到的信息唯一的表达某辆车的定位信息。SNAP 操作系统通过设置唯一的网络 ID 和网络地址，使得节点具有了唯一性。

（三）系统总体框架

物联网汽车通信定位技术，其主要是形成以汽车为基本节点的传感网络，并将这些网络节点（汽车）统一的监管，节点与节点之间可以定位和通信。汽车传感网络形成后可以通过公共节点接收车辆信息，将接收到的信息通过互联网传输给车辆监管机构。物联网汽车技术由底层的汽车传感网络、道路感知网络组成、区域监测站和总监测站组成。道路感知网络以汽车传感网为基础，用于将节点覆盖路段的车辆情况进行统计，每辆车经过该监测点时都会发布自己的行驶信息，感知站点接收到这些信息后将其传输到区域性的监测站，区域性监测站负责将其责任内的道路节点信息汇总，并通过互联网传输到车辆监管部门，用以车辆位置查询或事故责任调查。对底层汽车无线传感网络的设计的重点，使每辆汽车具备无线通信能力和定位能力。无线通信网络使用 SNAP 网络，定位技术使用 GPS 卫星定位，通过对 SNAP 网络操作系统的硬件要求得到适合本文的硬件系统和 GPS 定位模块。汽车无线传感网络节点为安装在每辆车上的设备，使得每辆车都具有了无线通信和定位能力，是形成汽车无线传感网络的必备条件。

第五章 物联网之云计算

第一节 基于云计算的物联网技术研究

物联网（Internet of Things），顾名思义，是"物物相连的互联网"。物联网的概念最早由美国麻省理工学院（MIT）自动标识中心（AIL）于1999年提出，主要依据物品编码、RFID（射频识别）技术，以互联网为传输媒介，以传感器网络为基础，按约定协议，把任何物品与互联网相连接，进行信息交换、数据融合和通信，以实现智能化识别、定位、跟踪、监控和管理等功能为一体的新型网络平台。2005年，国际电信联盟ITU在突尼斯举行的信息社会世界峰会上正式确定了"物联网"的概念。2009年6月18日，欧盟执委会也发布声明，描述了物联网的发展前景，并首次提出了物联网发展和管理设想。2016年8月7日，"感知中国"理念提出，由此掀起了物联网技术在国内的迅猛发展。随着物联网技术的逐渐成熟，和云计算相结合必将是未来的发展趋势。其原因在于云计算提供了一个巨大的资源池，而应用的使用又有不同的负载周期，根据负载对应的资源进行动态伸缩（即高负载时动态扩展资源，低负载时释放多余的资源）。将可以显著地提高资源的利用率。另外，云计算的分布式计算和分布式存储可以实现将大型任务细分成很多子任务，这些子任务分布式地或并行分配到在多个计算节点上进行调度和计算，同时将存储资源抽象表示和统一管理。因此，可以这样预见，物联网的迅猛发展可以借助云计算的诸多特征；而云计算的拓展则可以建立在物联网上无处不在的传感器网络，从而实现技术的融合，产生巨大的正能量。

一、物联网的基本原理

（一）以传感器网络为基础

深入剖析物联网的概念可以发现，物联网实质上是对各类传感器和现有互联网相互衔接的一个新技术，或者说是未来互联网的一部分，其核心是智能传感器网络技术。传感器网络可以理解为人类感知世界的触角，用这样的触角将感知世界的各种信息通过物理世界的各类互联网络进行传递、处理，从而使得数字虚拟世界中各种纷繁的画面能够呈现在人类社会中，让我们能够实时感知。这样的"感知—传送—计算—应用"过程，便构成了我们所熟知的物联网的运营模式。而这种运行模式中的关键在于广泛而数目巨大的节点的存在和节点提供了无处不在的计算能力。节点是传感器网络的基本单位，主要完成智能感知、信息采集、数据融合、数据传送和构造底层物理传感器网络等功能。节点一般由传感器单元、处理单元、通信单元和电源以及其他辅助单元等组成。

通常，对节点的设计要满足如下条件：

1. 适合广泛的应用场合、微型化、低功耗；

2. 良好的接口、传感器具有与较强的感知能力；

3. 较强的恶劣环境的工作能力和较强的抗干扰能力；

4. 就有数据转换能力，即能够适应数据的串行到并行的转换。

（二）传感器网络的体系结构

深刻认识传感器网络的体系结构，是正确理解物联网内涵的前提，也是将物联网和云计算相结合的基础。传感器网络体系结构可由三部分组成：分层的网络通信协议、传感器网络管理和应用支撑技术。

1. 网络通信协议

这一层主要包括各种通信网络与互联网形成的融合网络、物联网管理中心、信息中心、各类样本库、算法库和各类服务基础设施。

2. 传感器网络管理

这一层主要包括二维码标签和识读器、RFID 标签和读写器、摄像头、GPS、传感器和 M2M 终端、传感器网络网关等。主要任务是解决感知和识别物体，采集和捕获信息。

3. 应用支撑技术

应用支持技术主要解决物联网与行业专业技术的结合以及提供广泛的智能化解决方案。其关键在于信息的社会化共享以及信息安全等问题。

(三) 传感器网络安全分析

物联网除了涉及互联网安全问题外，还需要面对传感器网络的安全问题。传统互联网存在的多种威胁已经拥有很多可行的应对措施；而传感器网络存在的安全问题必须引起人们的广泛重视。比如，传感器网络一般可能遇到节点被攻击、部分节点被物理操纵、信息流失和部分网络被控制等问题。目前，常用的解决方案有节点身份认证、ZigBee 技术等。

二、基于云计算的物联网实现可行性分析

从前文的阐述不难发现，物联网一般具备三个特征：全面感知、可靠传递和智能处理。而其中智能处理恰恰与近几年来迅速崛起的"云计算"的理念相吻合。下面，先考察近几年来云计算概念的发展情况。

云计算作为继网格计算、互联网计算、软件即服务、平台即服务等类计算模式的最新发展，云计算主要通过虚拟技术将各种互联网的计算、存储、数据、应用等资源进行有效整合与抽象，有效地为用户提供了可靠服务的形式——大规模计算资源，从而将用户从复杂的底层硬件逻辑、网络协议、软件架构中解放出来。这正是云计算理念中一直提倡的"平台即服务""软件即服务"。维基百科对云计算的定义是："云计算是一种动态的易扩展的且通常是通过互联网提供虚拟化的资源计算方式，用户不需要了解云内部的细节。云计算包括基础设施即服务、平台即服务和软件即服务以及其他依赖于互联网满足客户计算需求的技术趋势。"

IBM 对云计算的定义是："云计算是一种计算模式。在这种模式中，应用数据和 IT 资源以服务的方式通过网络提供给用户使用。大量的计算资源组成 IT 资源池，用于动态创建高度虚拟化的资源供给用户使用。"为此，我们不难看出，未来的物联网运营平台需要在不同时间采集的海量信息源于数以亿计的传感器构建的传感器网络，并利用各个网络节点对这些信息进

行汇总、拆分、统计、备份，这对物联网平台的计算能力是一个至关重要的考验。同时，资源负载在不同时间段也会存在相应的起伏。因此，考虑一个具有很好自适应能力的物联网运营平台是十分必要且迫切的任务，一方面避免重复性建设，另一方面也好充分利用现有的理论和技术，从而寻求新的突破。

至此，从上面的分析来看，云计算是与物联网运营平台相融合的一个很有前景的方向，其原因在于二者有基本相同的客户需求，也有相似的物理设备基础，将二者在理念和技术上进行相容，必将创造出更具活力的运营平台。

云计算是物联网发展的必然趋势，其计算方式、存储手段、智能算法等等都将与云计算的理念和体系结构相融合。依据云计算的方式构建全新的物联网服务模式，无论从理论还是商业运营模式都是可行的，其安全性也是有一定保证的。

三、基于云计算的物联网基本设想

基于云计算的物联网运营平台可以包括如下几个部分：

1. 云基础设施

包括传感器网络、物理资源以及能够实现所有客户共用的一个跨物理存储设备的虚拟存储池。能够有效地提供资源需求的弹性伸缩和集群服务。

2. 基于云计算的物联网平台

该平台是基于云计算物联网运营系统的核心，主要实现网络节点的配置和控制、信息的采集和计算功能。

3. 物联网云应用

物联网云应用是基于云计算的物联网平台的拓展部分，可以集成第三方行业应用。主要是利用虚拟化技术实现在一个物联网环境下全部用户资源共享、计算能力共享。

4. 物联网管理系统

管理系统一方面用于监控基于云计算物联网运营平台的运行情况、资源弹性伸缩机制下资源利用的控制情况以及网络用户、安全以及服务管理等。

　　上面几点仅仅是在云计算相关概念的启发下，以及对物联网未来发展趋势的一个初步设想，在有些方面的构建以及架构仍然存在问题，必将随着云计算技术和物联网技术的广泛应用而逐渐改进，以便于在不远的将来实现基于云计算理念的物联网运营平台。

第二节　物联网、大数据及云计算技术在煤矿安全生产中的应用研究

　　煤炭企业为了保证安全生产，不仅提出了各种管理方法，制定了各种管理制度，还投入了大量资金装备各种保障安全生产的系统或设备。实践表明，这些系统和设备虽然在一定程度上提升了煤炭企业的安全生产水平，但并没有形成有机的煤矿安全生产保障系统，还存在逻辑和功能上的条块分割问题：一个是缺乏一个具有技术前瞻性的并具有弹性的系统架构技术来指导这些系统的构建及系统间信息、功能的互联互通；另一个是缺少有效的技术手段处理煤矿安全生产保障系统所产生的数据及处理方法。新兴的研究热点技术——物联网、大数据及云计算是要解决系统架构和互通、数据处理及计算的技术。将这些技术应用到煤矿安全生产保障系统中，有望解决目前所面临的问题。本文在阐述物联网、大数据、云计算这三种技术的基础上，对如何利用这三种技术提高煤矿安全生产水平进行探讨和展望。

　　一、物联网、大数据及云计算技术

　　（一）物联网技术

　　物联网最初由美国麻省理工学院提出，其核心思想是利用当时先进的射频识别（Radio Frequency Identification，RFID）技术，按照一定的通信协议，借助于已经发展较为完善的互联网，实现物和物信息的互联、互通。美国、欧洲等发达国家在物联网概念提出后，高度重视物联网技术与产业的发展，并对相关研究机构给予了较大的资助。我国也将物联网纳入战略性新兴产业，采取了一系列政策措施促进其发展，并掀起了物联网研究和建设高潮。

（二）大数据技术

随着物联网覆盖的范围越来越广，"人、机、物"三元世界在信息空间中交互、融合所产生并在互联网上可获得的数据也越来越大，这样就产生了大数据问题。参考文献于 20 世纪 90 年代在数据库研究过程中就提出了数据库可能会受到"big bang"的影响。伴随着物联网技术的广泛应用，2016 年9 月，《科学》杂志发表了一篇题目为"Big Data: Science in the Petabyte Era"的文章，从此"大数据（Big Data）"这个词开始广泛传播。大数据本身是一个比较抽象的概念，目前还没有统一的定义。目前已有的大部分定义是从大数据的特征出发，具有代表性的是"3V"定义，即大数据是指具有"大容量（Volume）、多变性（Variety）、快速化（Velocity）"特性的数据。互联网数据中心认为大数据还应当具有"低价值密度（Value）"的显著特征。大数据的规模效应给数据存储、管理及数据分析带来了极大的挑战。因此，诸如基于ETL（Extraction-Transformation-Loading，数据提取、转换和加载）的数据抽取及集成方法、基于 Hadoop 的数据存储方法及各种在线学习方法被提出。

（三）云计算技术

云计算技术也是一种新兴的技术，具有按需服务、超大规模、高可扩展、虚拟化、高可靠、通用化等特点。由于云计算技术具有很高的应用和商业价值，所以 Google、亚马逊、IBM、SUN、微软等公司都提出各自的软硬件架构。

（四）三种技术的关系

物联网、大数据、云计算这三种技术既有联系又有区别。物联网技术侧重的是如何实现物和物之间（人、机、物）的相互关联和信息互通；大数据技术侧重的是海量信息的存储、分析和处理；而云计算技术侧重的是数据计算的方式方法。从信息流的角度来看：物联网使得物和物之间建立起连接，伴随着互联网覆盖范围的增大，整个信息网络中的信源和信宿也越来越多；信源和信宿数目的增长，所带来的后果必然是网络中的信息也会越来越多，即在网络中产生大数据；而这些大数据的内在价值的提取、利用则需要用超大规模、高可扩展的云计算技术来支撑。因此，物联网、大数据和云计算的关系：物联网产生大数据，大数据助力物联网；大数据需要云计算，云计算增值大数据。

二、煤矿信息化技术

由于历史原因和煤矿井下环境复杂性的约束，相比于其他行业，中国煤炭行业的综合自动化建设起步相对较晚。直到21世纪初，中国煤炭行业才掀起了煤矿综合自动化建设的高潮。"综合自动化"的提法目前还没有统一，不同研究人员有不同的提法，如综合自动化、自动化、信息化、数字化等。但综合自动化的实践工作概况而言都相类似，即各个子系统设备进行联网及远程控制改造，建设一个覆盖全矿井的骨干通信网络，建设一个能实现全矿井各个系统数据接入及显示的软件平台。在煤矿综合自动化阶段中，各研究人员利用 PLC/ 单片机实现各个子系统设备的远程自动控制；软件平台也大都以国内外先进的组态软件为基础进一步开发定制。而在如何建设覆盖全矿井的骨干通信网络上，不同研究人员及企业进行了探索：总线技术、EPON（Ethernet Passive Optical Network，以太网无源光网络）技术和工业以太网技术均被用来构建过全矿井通信网络。物联网的网络基础恰好是以以太网技术为核心的互联网，因此，从网络角度而言，综合自动化阶段正好是矿山物联网的前期阶段。

煤矿综合自动化的建设提高了煤矿的自动化水平，改善了井下工人的工作环境。煤矿自动化水平的提高，一方面可降低部分由于人为误操作造成的事故，一定程度地减少井下工作人员数量；另一方面，由于软件平台实现了各个系统的数据接入，生产管理人员可同时获得更多、更全面的实时、历史生产数据，从而能够更准确、更精细地进行生产指挥调度。但目前的煤矿综合自动化建设基本还是属于各个系统硬件互通、信息简单集中这个层次。因此，煤矿综合自动化建设对煤矿安全生产水平的提升有限，同时各个系统互通联网后所产生的数据也未得以充分利用。而物联网、大数据、云计算技术的提出则为煤矿综合自动化建设的后续建设思路和方法指引了方向。

三、运用物联网、大数据及云计算技术提升煤矿安全生产水平的思考

（一）三种技术使用的必要性

1. 进一步提高煤矿安全生产水平需要将矿井建设成一个矿山物联网煤矿生产是一个矿工、环境、设备紧密结合的活动。矿工的采掘生产改变和影响煤矿井下环境，环境的变化影响着设备的运行方式，同时环境变化和设备运行状态影响矿工的生产活动和安全。因此，将安全生产看成一个控制目标，那么只有将矿工、环境、设备看成一个系统来加以控制，安全生产这个目的才可能达到和实现。利用物联网技术来构建矿山物联网，还可充分利用煤炭行业之外的大量研究成果，减少探索的时间和代价。如，煤矿骨干网络到底是采用以太网还是总线，井下无线网络到底是采用 WiFi 还是 LTE (Long Term Evolution, 长期演进)，这些问题就可以借鉴通用的物联网技术的研究成果。

2. 煤矿需要大数据技术

各个煤矿的综合自动化建设后，就已经出现数据爆炸问题。在煤矿综合自动化前，一般矿井只配置了环境监测监控系统、提升机等重要设备监控系统及模拟式工业电视，所采集和保留的数据也不多。而矿井进行综合自动化改造后，除了对环境监测监控系统扩容、工业电视数字化之外，大量的数据被监视和记录。如井上井下变电所各个开关的电压、电流、功率因数值，通风机的运行监控值，井下泵房中泵和水位的运行值，井下胶带运输的监控参数等。这些数据都具有大数据的"3V"特征。可以预见，当矿山物联网所覆盖的子系统越来越多，数据规模必将进一步膨胀。因此，需要使用大数据技术来面对矿山物联网大数据的挑战。

3. 充分利用大数据需要使用云计算技术

煤矿综合自动化对煤矿安全生产水平提升作用有限的最主要原因就是只对数据进行了显示和归类，对数据内在联系和内在价值挖掘不足。而矿山物联网建立后，数据越来越丰富既是挑战也是机遇。这是因为数据越多，数据所隐含的内在关系也越清晰、越容易发掘。特别是对煤矿井下环境、灾害、人员活动高度耦合的大系统而言，数据越多，灾害预警模型维数也就可

以更高，预警预报也就越准确。而高维的灾害预警模型需要计算能力高且具有弹性的云计算技术提供计算支撑。

（二）三种技术的地位和作用

矿山物联网的含义尚未统一，笔者根据物联网、大数据及云计算技术的内涵，对矿山物联网进行了定义：矿山物联网是矿山信息化的发展延伸，它利用智能装备对矿井物理世界进行感知，通过网络互联和数据传输，利用大数据及云计算技术进行计算、处理、挖掘和预警，实现人与物、物与物信息的交互和无缝连接，达到对煤矿安全生产的实时控制、精确管理和科学决策目的。矿山物联网定义反映了笔者对物联网、大数据及云计算技术在煤矿应用的地位、作用及目的的思考：现有的物联网技术应被使用作为矿井系统建设、互联的技术支撑。而系统互联后所产生的大数据则由云计算进行处理，数据处理后进行灾害预警预测，最终实现煤矿的高效、安全生产。矿山物联网定义还反映出三种技术在煤矿安全生产保障中的相互关联关系数据是矿山物联网建设的产物，而云计算则是对大数据处理利用的技术手段，处理后的结果用来控制煤矿各个子系统，实现煤矿安全生产。

（三）三种技术应用展望

矿山物联网建设后必将造成煤炭企业本质上的变化。可以直接预见的是，矿山物联网建设后，形成多参数融合、具备预警功能的监测监控系统。矿工从只能从调度指挥中心获得相应的环境安全信息转变为利用能主动感知人员环境的设备获知周围安全信息、及时获取预警预报信息，从而能在灾害发生或即将发生时快速撤离危险区域。只有实现了这种转变，才能从本质上提升煤矿安全生产水平。

物联网、大数据及云计算技术应该也必将成为提升煤矿安全生产水平的重要技术手段。与其他行业相比，煤炭行业的综合自动化阶段稍稍落后。因此，中国煤矿科技工作者应抓住时机，在物联网研究及应用上快步进入到国际先进行列。除了关注物联网、大数据及云计算技术自身所需要研究的问题外，还应注意以下问题：

（1）统一技术标准的制定。云计算的美好前景让传统IT厂商纷纷向云计算方向转型，但是由于缺乏统一的技术标准，尤其是接口标准，各厂商在开发各自产品和服务的过程中各自为政，这会为将来不同服务之间的互联互通带来严峻挑战。

（2）云计算的规模及运行问题。建设矿山物联网，利用云计算对大数据进行挖掘和处理的最终目的是提高煤矿安全生产水平。而对数据的建模、分析、挖掘直至安全预警不可能仅仅依靠计算机程序完成，而是需要众多理论实践经验丰富的专家参与到这个过程中。因此，是否需要专门从事煤矿安全的数据网络运营商，以及是否可以在全煤炭行业建立一个类似淘宝网一样的提供煤矿数据分析服务的运营商，这些问题将是目前急需解决的方向性问题。

第三节　基于云计算的现代农业物联网监控系统

一、核心概念界定

（一）现代农业

现代的科学技术、工业技术、科学的管理方法有效地推动了现代农业的发展。现代农业的主要表现特征为：各项性能良好的现代农业设备系统广泛应用；自动化的机器设备代替农民的人力工作；有配备完善的高性能农业基础设施，例如便利的交通条件和存储设备等。先进的科学技术是在农业、养殖业和灌溉业等和农业相关学科的基础上产生和发展起来的。科学技术广泛应用到农业生产中，能够提高农业生产的效率，降低生产成本，提高农民的收益。新的信息技术的发展和农业各学科之间不断相融合，原子能、遥感技术、生物工程、电子信息技术、智能化技术等在农业各领域的综合应用，使农业技术的发展走向了智能化、标准化、高速化，良性化的发展，大大提高了农民的劳动效率、资源的利用率和农产品的销售率，农村的旧面貌和旧的生产方式在这些新技术得到广泛推广后，有了很大程度的改善。

现代农业在现阶段的内涵是利用现代电子、信息、计算机、工业、经济管理等的管理方法和先进技术提供的生产设备的社会化农业。按照农业的生产水平和生产力性质区分农业的发展史，现代农业属于农业发展的新阶段。农业科学技术的发展与推广是基于一系列现代自然科学，使农业技术由传统的经验方法转变为科学的生产方式。在植物学、动物养殖学和信息学、物理学等学科的高度交叉发展的基础上，传统的种植、养殖、灌溉等农业生产方法得到了迅速的发展和提高。农业生产由原始的人力和畜力工具生产，变为机器设备生产，这种转变是基于现代机械体系和现代农业设备的普遍应用。例如：高效率的农作物收割机、拉货车、播种机、灌溉机，以及在畜牧和养殖业中使用的自动喂食、淋浴器等设备都成为现代农业生产中的主要使用工具。这些设备的投入，使农业生产的人力节省了，生产效率和经济效益提高了。随着技术的不断发展，更多尖端科技，如激光、电子、遥感技术、卫星等也开始融合在农业生产技术中。

社会化程度很高的农业生产方式逐渐显现。这种社会化表现为：小结构体系的自产自足农业生产方式被扩大的农业企业和地区分工的农业生产所代替。农产品的加工销售和生产过程相结合，形成农工商一体化。快速发展的现代农业企业从高级企业管理方法应用到电子计算机、经济数学等高新科学技术的应用，使企业的管理和经营更加科学、先进。土地的产出率、农村劳动力生产率、农作物和农产品的商品化在现代农业产生和发展的基础上有了很大的提高，农业的生产方式、农村的面貌、农民的个体行为也都发生了很大的变化。

(二) 物联网技术

物联网 (The Internet of Things) 的定义是：利用红外线、传感器、射频技术、全球定位技术等电子传感设备，按照预先设定的网络通信协议，把采集到的数据或要跟踪的数据传输到网络中，进行数据通信、共享和智能化控制。实现数据的智能化采集、传输和控制。物联网是信息化技术和智能化技术的整合，软件和硬件的结合，硬件产品之间的结合和匹配，结合了信息技术和智能化技术相关各领域的技术，基本实现了人与机器的智能交流。物联网的功能主要体现在以下三方面：

(1) 检测、采集、传输信息，即通过各种检测设备，对研究系统所需数据进行采集，将采集到的数据通过有线或无线的方式传输到分析终端。

(2) 将来自不同区域的数据连接到互联网内，使数据之间可以相互连通。

(3) 对采集到的数据进行智能化分析，达到自动化控制。

物联网技术可以被分为三层：感知层、网络层、应用层。感知层是通过摄像头、各类传感设备、二维标签码等设备识别各类信息，如：人脸、土壤湿度、土壤微量元素等。网络层是通过通信线路和互联网连接设备，整合物联网中的设备，将获取到的信息传送和处理。如：将采集到的土壤湿度信息传送给处理中心，处理中心判断土壤是否需要灌溉。应用层是物联网技术的最终目的，根据不同的目的和应用领域，实现智能化的控制。如灌溉系统中的应用层可以根据感知层的处理结果，自动执行开启水泵或停止水泵，帮助农民进行远程智能化灌溉作业。

二、基本理论

(一) 创新扩散理论

创新扩散理论，又称为创新散布理论或者创新传播理论、革新传播理论等。该理论是由美国学者弗雷特·罗杰斯 (E.M.Rogers) 早在20世纪60年代提出的通过一系列的方法说服人们接受新的事物、新理念、新产品的一种理论。休梅克和罗杰斯深入调查了对农村来说的新鲜事物：新设备、新化肥、新农药、新种子等的推广过程，出版了《创新的传播》这本书。该书主要对人际传播和大众传播的作用做出了分析比较，将"两级传播"理论做了进一步的充实，提出了一些重要的理论补充。书中还重点研究了社会的进步发展过程中，人们是怎样对一些新的科技成果从不知道到完全接受并应用该成果。该理论认为大众传播理论对人们和社会的文化生活影响更大一些，并认为两级传播模式应发展为"多级"或者"N级模式"。该理论指出，在创新成果扩散过程中，初期应最大的发挥大众传播介质的快速、广泛等的传播优势，而后人们对新技术新成果有了一定的了解和认识，就应该激发人们对该事物的需求欲望，调动积极性，可凭借人际网络等推广途径达到预期目的。在传播过程中，需要将大众传播和人际传播相配合。创新扩散理论归纳了大量的实践研究成果和方法，为人们了解信息传播方法提供了现实指导。

罗杰斯认为创新扩散由五个阶段组成：

(1) 认知阶段：个体对某一新事物的外观和功能产生基本认识的阶段。

(2) 说服阶段：个体对所了解的新事物从基本认识后到准备做出选择的

阶段。

(3) 决策阶段：个体参与到新事物中，作出选择还是放弃的阶段。

(4) 实施阶段：个体将新事物掌握后，应用到实际问题当中。

(5) 确认阶段：个体对新事物应用到实践中带来的结果的评价。

罗杰斯认为新技术的接受主要有两方面影响因素：接受者本身的文化素质、社会意识等和社会的环境氛围也影响个体对新事物的接受创新程度。罗杰斯认为影响创新扩散速度的因素主要有五个，一是相对优势：新事物或新方法比起它所替代的事物或方法更具优势。这里所指的优势的评判可以从经济性、便利性、满意度等方面评判。相对优势和事物的创新接受程度成正比。二是相容性：新事物在使用习惯、价值观等方面要与旧事物相兼容。符合人们的使用习惯才能使新的事物更容易被人们接受，从而提高传播扩散速度。三是复杂性：新事物容易被大众理解，那么就会以加速的方式传播。四是可试性：人们在正式使用新事物和新方法之前有实验的机会，增加可信度。五是可观性：让人们在尝试之前可以观察到新事物新方法带来的实实在在的结果，可以加快传播速度。研究表明，创新理论在传播的过程中，人们之间交流的内容以以上五点为主，所以这五个因素决定了创新扩散速度。本文对农业物联网的推广从这五个因素入手，物联网技术的精准化、智能化等特点体现了其相对优势。物联网技术采集到的数据和农民需要的数据相同，体现了其相容性。农民只要会使用物联网技术的操作界面就能使用该项技术，体现了简单性。可以通过示范园的建立，演示这项技术带来的便利，体现了该项技术的可视性。通过这五个因素加快农业物联网技术的传播速度。

(二) 现代农业推广理论

现代农业推广：将科学技术最新成果应用到农业中的新成果、新理论通过集体培训、沟通、演示、实践尝试等方式传播扩散到农业、农村、农民中，同时注重农民的综合素质培养，提高农民的接受能力，把理论性和实验性的技术转化为现实生产力，促进现代农业发展。现代农业推广的两种方式是咨询和沟通。现代农业推广和传统的农业推广在内容和意义上有着实质的不同。传统的农业推广是传统农业向现代农业发展的初级阶段，农业推广的主要内容是单纯的将新技术、新方法传授给农民，目的是让农民将技术应用到生产实践中。现代农业推广是传统农业向现代农业发展的新阶段，推广的不单纯是农业生产新技术，更注重农民综合素质的培养，扩充农民的知识面，向农民提供更深层次的理念，提高农民的综合素质，从而快速达到提高农民接受新事物的能力，提高农民科技水平。现代农业是继传统农业之后的农业发展的新时代。

现代农业利用新的科学技术，改变农业生产模式，转变农业增收方式，促进农业现代化发展。现代农业以农业生产的科学化、高产化、高效化，实现农业生产的可持续发展。现代农业推广以人为本，以科技推广为基础。推广工作包括农业生产、农民生活、农村生态等相关领域。推广过程注重内容系统化、形式趣味化。现代农业推广不只是为了提高农业生产力，还要不断提高农民的生活水平、改善农村的生态环境等。推广的对象由原来的农民扩大到从事农业生产的劳动者和从事农业合作社的企业等。同时，大力支持农业合作社、示范园区、农业企业的发展，为现代农业发展起到带头作用。现代农业推广的技术范围从农业生产到产品运输和市场销售等环节，覆盖整个农产品的生产过程，为农业产品创建优质品牌，增加农产品的市场竞争力。物联网技术是现代农业发展的新形式，这项技术的推广可以丰富现代农业的内容。

推广人员不仅仅是为了推广某项特定的技术而推广，农业物联网的推广工作更要注重推广者与使用者之间的心理沟通。推广人员要遵循现代农业的推广理念，提高农民综合素质和农民的科学技术应用能力，做到以人为本，打造和建设绿色、安全、标准、循环经济的生产方式。政府应建立一套完整的农业物联网技术推广体系，加强推广人员队伍的建设，从而促进现代技术的发展和现代农业的不断进步。

(三)物联网技术的特点及其和现代农业的结合

1.物联网技术的特点

物联网技术的特性就是将物联网系统内的传感器、移动终端和携带无线设备的物品通过无线或有线网络连接在互联网内，实现信息的传输和共享，通过对采集信息的处理，输出智能控制信号。物联网系统由三部分组成：数据采集、网络传输、智能分析控制。这三个组成部分决定了物联网具有以下特点：

（1）实时监测：这是物联网技术最基本的特点，通过传感设备实现24小时全方位检测，不放过任何一个信息点。

（2）定位追溯：基于现代的 RFID 技术、二维码技术、卫星定位技术等，连接在物联网内的物体或产品可实现快速定位和来源追溯。

（3）联动报警：物联网系统会将采集到的实际数据和预先设定的期望数据相比较，如果实际数据偏离期望值，系统会发出不同形式的报警信号。

（4）合理调度：系统会根据设备得出的资源利用率，智能分配资源，达到软硬件资源的合理分配使用。

（5）智能控制：物联网系统将期望值和实际值比较，启动控制装置，补偿实际值和期望值之间的偏差。

（6）安全隐私：物联网系统设置了不同权限的登录和使用用户，提供系统的安全性。

（7）远程升级和维护：保证物联网软硬件设备能够维持正常自运行的手段。

（8）数据存储：物联网系统可以将历史数据保存，便于数据分析和比较。物联网技术的特点决定了物联网技术是一种可以充分解放劳动力，实现智能化、精准化工作的先进技术设备。

2. 现代农业和物联网技术的结合

物联网系统所具有的特点体现了其广泛的兼容性，为现代农业发展的问题提供了很好的解决办法。我国现代农业发展的方向是精准农业。例如，农业生产的很多领域需要对农业生产环境的温度实时精确控制，而物联网技术中的三层结构：感知层、网络层、应用层恰好为精准现代农业提供了一套精准控制方案。由于物联设备的种类和型号比较多，物联网技术可以为不同的农业生产和养殖提供技术支持，促进现代农业向集约化，互联网化的方向发展。物联网技术在农业生产中的广泛使用，可以实现农业生产的标准化生产和机器的精准化控制，提高土地和农业设备的利用率，推动现代农业的快速发展。

现代农业物联网技术体系主要包括信息采集系统、信息传输系统、信息处理系统、智能化控制系统四个子系统。各系统的功能如下：信息采集系统由各种传感器和通信模块构成。农业中常用的有测量温度的传感器、测量气体成分和含量的传感器、测量空气和土壤湿度的传感器、测量液体流量的传感器、测量酸碱度的传感器等。信息传输系统包含有线宽带、无线电磁波红外传输技术、GPRS 接入技术、Zig Bee 传输技术、无线路由信号传输技术等。信息处理系统包括嵌入数据的智能分析计算机软件、计算机组态软件控制、机电 PLC 控制、电子单片机控制器、DDC 数字控制技术等。智能控制系统主要包含了控制装置和执行装置。通过信息处理单元传达给控制装置命令，控制装置开启和关闭执行装置、如加湿 / 除湿装置、启动 / 停止灌溉装置、加温、降温装置。随着科技的不断进步，现代农业的发展和科技成果转化有了新的内容和形式。

第四节　基于云计算的物联网运营管理平台研究

一、物联网发展现状

自 2005 年国际电信联盟提出"物联网"的概念后，各国都把物联网提到了国家信息化发展的战略高度，并纷纷提出了计划，制定目标和行动。2016 年 11 月，IBM 公司提出"智慧地球"的概念，很快成为全球关注焦点和激烈讨论的话题这八年是物联网从概念走向应用的过渡阶段，虽然离理想目标还有很大的距离，但是也能在一些应用上看到物联网的雏形。下面我们从物联网的发展历程、国外发展情况、国内发展情况、典型应用、标准化现状和发展瓶颈等六个方面介绍物联网的发展现状。

（一）发展历程

我们从技术层面和应用层面两方面来分析物联网的发展历程，具体如下：

1. 技术层面

欧洲 EPOSS 研究机构在《InternetofThingsin2020》报告中预测，物联网发展将经历以下四个阶段：2010 年之前，RFID 被广泛应用于零售、物流和制药等领域，处于闭环的行业应用阶段；2010～2015年，物物相连、标签技术和传感器技术迅速发展，并达到无处不在；2015～2020年物体进入半智能化阶段，物联网与互联网逐步走向融合阶段；2020年之后，所有物体处于全智能化阶段，无线传感网络大规模应用并进入泛在网发展阶段。目前来看，物联网的终端域、网络域和应用域技术均有技术难点尚未攻克，距离物联网的终极目标还很远。

2. 应用层面

物联网产业的发展模式应该是应用驱动型的，存在着从公共事业和服务领域、到企业、行业应用、再到个人家庭领域逐步发展成熟的细分市场递进趋势。目前，物联网产业还是处于前期的概念导入和产业链构建阶段，没有成熟的行业应用案例，未来为了确保行业更好发展，以政府应用示范项目带动物联网市场的开启将会是主要手段，随着公共事业管理和服务市场应用解决方案的不断成熟，可以促进关联产业的企业集聚，逐步形成完善的产业链，带动各行业的应用市场。待应用逐渐成熟后，进一步带动各项服务的完善和流程的改进，壮大个人的应用市场。

(二) 典型应用介绍

如今，物联网技术已应用于零售、物流、医药、食品、电网、家居和交通等多个行业。

1. 零售行业

沃尔玛第一个将物联网运用于该领域，通过 RFID 技术，实现对商品的全程监管，从生产、存储、货架、结账到最后离开超市。大大降低了货物短缺、产品脱销的几率，抑制了商品盗窃行为，并且用户可通过 RFID 标签结账，方便了用户，提高了服务效率。

2. 物流行业

物流行业中运用物联网技术，使仓库完全自动化，实现商品的自动化进出，订单的自动传输等功能；大大提高传统运输的管理效率；并且生产商还能直接获取市场反馈，更好地满足市场需求。

3. 医药行业

物联网在医药行业的应用主要体现在远程医疗、医疗信息数字化和医疗物资监控管理三个方面。远程医疗初始的目标是实现在线会诊以避免患者去医院和诊所的麻烦，构建基于患者为中心，形成长期监护的服务体系，后来随着体域网的快速发展，远程医疗已经可以实现自动上报患者病情和交互医疗方案的功能。医疗信息数字化能大大方便患者就医，主要包括以下几个方面：患者信息管理、医疗急救管理、药品存储、血液信息管理、药品制剂防误、信息共享互联、婴儿防盗系统、报警系统等。医疗物资监控管理通过可视化的技术，对医疗器械和药品进行全方位全过程的监控，主要包括设备药品防伪、RFID 全程监控、医疗垃圾信息管理等。

4. 食品行业

物联网在食品行业的应用还不是很广泛，一些餐饮行业为提高服务档次、多样化服务手段和创新消费体验，将物联网用于食品行业。主要包括两方面，一方面是消费者使用 RFID 技术能够全程跟踪食品从原料—加工—上桌整个流程，确保食品质量安全可靠；另一方面采用 RFID 技术对食品原材料的配送进行管理，提高配送效率，减小原材料的损失。

5. 智能电网

智能电网也叫做"电网2.0"，实现电网安全、高效、经济地运行，无论何时、何地用户都能够接受可靠的电力供应，能够对电网可能出现的问题进行预警和报警，并能够自动处理一些简单的故障，采取有效的校正措施，避免用户用电中断。

6. 智能家居

家居和人息息相关，智能家居对提高人的生活质量也是最直接的，其最浅显的定义是利用互联网技术、通信技术、传感器技术、控制技术等融入家居的物品中，从而实现远程智能控制，满足消费者生活舒适、安全、高效等要求。目前常见的服务有防盗控制、防火防灾、门禁系统、智能感光感温、无线智能插座等。

7. 智能交通

城市交通和物联网的融合将形成智能交通，智能交通融合了传感器网络、RFID 技术、GPS 定位技术、移动互联网技术和自动控制技术，从而形成信息化、智能化、便捷化的交通运输综合控制和管理系统。该综合系统包括，车辆控制子系统：即智能汽车，可以辅助或者替代司机驾车汽车，其原理是通过雷达或红外探测仪，判断车与车或车与障碍物之间的距离，自动完成调节车速、让车、刹车等操作。交通控制子系统：通过路段上设置的摄像头，动态监控路况、车流量、交通事故等，并将该信息传送到指挥中心。车辆通信子系统：通过车载电脑、运算中心、移动互联等技术，实现车辆之间、车辆与控制中心之间的双向通信，从而提高交通运行效率。

(三) 标准化现状

由于物联网涉及不同的技术领域，技术体系庞杂，各技术领域标准化工作早已开展。所以，物联网的标准是由不同的标准化组织共同完成的，各有侧重。

1. 整体框架

ITU-TSG13 对下一代网络环境下泛在网络的需求和架构进行设计；ETSIM2MTC 对 M2M 需求和功能架构进行标准化设计；ISO/IECJTC1SC6SGSN 负责传感器网络的标准化工作。

2.WSN/RFID

IEEE802.15 工作组负责低速近距离无线通信技术标准化；

IETF6LoWPANROLL 完成简化 IPv6 协议应用的标准化；

EPCG lobal 组织负责 RFID 标识和解析标准，并召开了 ONS 的路由和命名问题的讨论。

3. 电信网

3GPPSA1/SA2/RAN2 对 M2M 优化需求和 M2M 的优化技术进行标准化；GSMA 负责智能 SIM 卡的标准化。

4. 智能电网 / 计量

国际上主要有 IEC、NIST、ITU-T、IEEEP2030、CEN/CENELEC/ETSI 等组织进行智能电网 / 计量的标准化工作。

(四) 发展瓶颈

物联网时代一旦来临，将给人类生活带来巨大的便利，使人们更加舒适、方便。但物联网的广泛应用不是一朝一夕就能实现的，现阶段物联网发展面临的瓶颈有以下几点。

1. 世界各国存在不同的技术标准

物联网是一个多技术融合、多设备连接、多渠道传输、多行业应用、多领域交叉的网，所有的接口、通信协议、规范等需要形成一个统一的体系，标准化体系的建立是物联网产业发展的前提条件。而现阶段，这将在很大程度上影响物联网的规模推广。

2. 数据安全问题

物联网由于综合采用了射频识别技术、短距离通信等，拥有便捷的信息获取能力，但是如果没有优良的信息安全措施，我们所感知和传输的信息很容易被跟踪窃听，这势必造成个人隐私或者公司机密泄露，引发不可挽救的损失。

3. 缺乏成熟的商业模式

物联网发展持续时间长、投资高且成本回收慢，这些导致了物联网现阶段尚未形成共赢的商业模式和规模化的产业链结构，产业链上下游之间的协同性较差，而商业模式关乎物联网发展是否能够持续平稳。

4. 终端多样化问题

物联网终端除具有本身功能外还拥有传感器和网络接入等功能，且不同行业需求千差万别，如何满足终端产品多样化的需求且降低终端的成本，对物联网发展来说是又一重大挑战。

二、物联网体系架构

体系架构是指导系统设计的首要前提，由于物联网的应用广泛，不同的角度产生不同的结果，本文在此综述物联网相关的几种架构。

(一) 物联网的自主体系架构

为了适应异构的物联网无线通信环境，业内专家设计了自主物联网体系结构，该结构采用以自主件为核心的通信技术。将自主件安放于端到端层次及中间节点中，用于执行控制面已知的、新出现的任务，确保通信系统的运行。自主体系结构由以下四个层面组成：数据面、控制面、知识面和管理面。其中，数据面用于传输数据分组；控制面对数据面发送配置信息，保证数据面的吞吐量和可靠性；知识面用于提供整个信息网络的视图，并将其提炼成网络系统知识，指导控制面进行适应性控制；管理面用于协调和管理其他三个面的交互，实现物联网的自主能力。

（二）物联网的 EPC 体系架构

所谓 EPC 就是 Electronic Product Code，即为每一个对象分配一个唯一的代码，若使用 RFID 技术和信息网络将这些对象互联，则 EPC 网络管理这些数据的传输和存储，这样就可以构造一个覆盖万物的系统，我们将其称为 EPC Global，EPC Global 物联网体系由以下三部分组成：EPC 编码体系、射频识别系统和信息网络系统。EPC 编码体系用于为任何物体分配全球唯一的电子标签；射频识别系统用于识别 EPC 电子标签的信息，并将其上报给中间件系统；信息网络系统由中间件系统、ERP 系统、PML 服务器、ONS 服务器和 EPCIS 服务器五部分组成。

（三）物联网的层次体系

以上物联网架构都是从某个角度出发而设计的，无法构成一个通用的物联网系统。下面我们给出 ITU-T 在 Y.2002 中给出的 USN 高层架构，这是一个分层的、开放的、可扩展的泛在网络体系架构，其最大的特点是要依托下一代网络架构，这也是大部分研究人员公认的。自下而上分为感知层、网络层和应用层三个层次，感知层由各种传感器、RFID 标签以及传感器网关构成，用于识别物体和进行信息采集，其作用类似于人类的神经末梢，是信息的来源。网络层由各种网络系统和云计算平台等组成，对感知层获取的信息承担传输和处理的工作。应用层是物联网与用户之间的接口，用以实现物联网的各类智能应用。

三、中国通信标准化协会的物联网运营管理体系架构

按照物联网三层的建设思路，物联网的体系结构分为三层，分别是传感网、接入承载网和应用／服务层，为了实现运营商对物联网的控制管理，在应用／服务层和接入承载层新增一个物联网运营管理平台，该平台可以根据地域范围划分为 28 省级和国家级两级运营平台。省级平台主要负责本省内的物联网运营支撑，国家级平台负责连接各省级平台以及未建立省级平台的省份的物联网的运营支撑。国家级和省级运营管理平台都需要和运营商已

有的网管系统、管理系统、业务系统和计费系统实现互通融合。新增的这一层实现的功能：提供终端和业务通信的通道，提供机器与机器之间联动控制的逻辑，实现不同业务和不同终端设备的融合，实现不同终端和业务的统一管理。针对客户，提供用户自定义业务环境。

（一）ETSI 制定的 M2M 分层体系架构

ETSI 制定的 M2M 体系架构分为三层，自上而下分别是应用层、网络层和感知层。感知层由以下几个部分组成：

（1）M2M 终端／节点设备：是指利用其传感特性和通信模块采集数据和传送数据的一类设备，它们直接可以通过各种短距离通信技术形成 WSN 网络，然后通过 M2M 网关到达接入网，也可以直接同接入网通信。

（2）WSN 区域网络：作用是为 M2M 终端／节点设备提供信息交互的网络，一般范围局限在一个仓库、办公室、大棚等，一般采用 ZigBee、Bluetooth、UWB 或 WiFi 等个域网通信技术。

（3）M2M 网关：确保 WSN 区域网络与网络层、应用层的互操作，实现的主要功能包括数据汇集分发、数据格式转换、协议转换、数据加密等。

网络层和应用层由以下几个部分组成。

（1）接入网：连接感知层和核心网，这部分是物联网中最成熟的基础设施，可包括：蜂窝网、XPON、XDSL、WiFi、WiMAX、微波和卫星网络等。

（2）M2M 核心设备：该部分由业务能力层和核心网两部分构成。核心网部分在现有的核心网基础上增加 M2M 业务的承载能力，以满足 M2M 的海量信息请求。业务能力层实现的是各种应用共享、为应用提供统一开放的接口，业务能力使用核心网的功能，但是应用部分并不需要关注网络的具体技术，降低应用开发难度，简化应用部署。

（3）M2M 应用：基于统一开放接口而开发的 M2M 应用，包括政企应用、家庭应用和个人应用。

（4）管理功能：包含终端管理、网络管理和特殊功能管理。终端管理主要是指对 M2M 终端／节点设备的配置、监控、故障维护等，网络管理主要是对接入网、核心网及业务能力部分的配置、监控、故障维护等。

（二）物联网与云计算的结合

物联网与云计算是近年来兴起的两个不同的概念。它们互不隶属，但它们之间却有着千丝万缕的联系。首先，物联网与云计算都是基于互联网的，可以说互联网就是它们相互连接的一个纽带。由于把信息的载体扩充到"物"，物理世界形形色色的实物导致这必将是一个大规模的信息计算系统，物联网的最终目标就是对物理世界进行智能化管理，处理如此大规模的数据必然需要一个大规模的计算平台作为支撑。云计算从本质上看就是一个用于海量数据处理的计算平台，因此，云计算使物联网中海量计算的各类物品的实时动态管理和智能分析成为可能。如果将云计算运用到物联网的传输层与应用层，采用云计算的物联网将会在很大程度上提高运行效率。

其次，云计算平台的完善与大规模的应用需要物联网的发展为其提供广大的用户，广泛借助物联网的优势，可以吸引更多的行业用户参与进来，促进云计算的开发和资源的不断更新，从而真正意义上实现"云"。最后，云计算能够促进物联网和互联网的智能融合，构建智慧地球。云计算的创新型服务交付模式，简化服务的交付，加强物联网和互联网之间及其内部的互联互通，可以实现新商业模式的快速创新，促进物联网和互联网的智能融合。

（三）可行性分析

（1）云计算是实现物联网的技术基础。物联网的规模化和智能化需要信息的收集与智能处理，而云计算超大规模、虚拟化、多用户、高可靠性、高可扩展性等特点正是物联网规模化、智能化发展所需的技术。云计算通过其超大规模的计算集群和高速的传输能力促进物联网底层传感数据的共享、快速分析与优化；云计算的虚拟化技术包括服务器虚拟化、网络虚拟化和存储虚拟化，这些虚拟化技术使更多的应用更容易被创建；云计算的高可靠性和高扩展性为物联网提供高可靠性的服务，每个连网的物体都会有一个标识，分配一个 IP 地址，进而接入网络，数十亿甚至数百亿的传感网络节点需要进行配置、管理和监控，实现这些功能要求计算平台必须高度可靠，又易于扩展，这使得云计算为物联网提供支撑服务进一步成为可能。

（2）物联网的运营平台体现出云特征。物联网的运营平台需要弹性增长的存储资源和大规模的并行计算能力，资源负载变化大，存在负载错峰的可行性，并且以平台服务方式提供计算能力。

（3）云计算与物联网是在创新理念的指导下结合在一起的，现在已有一些成功的案例。分析现有的结合案例可以发现，物联网和云计算的结合可以采用以下几种模式，单中—多终端模式：这种方式的云中心大部分由私有云构成，可提供统一的界面，具备海量存储能力与分级管理能力，这种模式适用于小范围的物联网终端。多中—大量终端：这种方式的云中心由公有云和私有云构成，并且两者可以实现互联，这类模式适用于区域跨度的单位和企业使用。信息应用分层处理—海量终端：这种方式的云中心由公有云和私有云构成，需要根据客户的海量数据处理需求及云中心的分布情况进行合理的资源分配。这类模式适用于用户范围广、信息及数据种类多、安全性能要求高的单位和企业使用。

（四）二者结合的优点

通过上面的介绍可知，有关物联网和云计算的融合国内外很多公司正在研发，二者融合的优点显著，具有良好的发展前景，具体如下。

（1）云计算大规模的服务器解决了物联网服务器节点不可靠的问题。伴随物联网的发展，感知层的感知数据将呈现爆炸式增长，而单个或有限个服务器使得节点出错的概率大大增加，而且当请求服务的数量大于服务器可承载的阈值时，服务器就会崩溃。而单纯的增加服务器不仅开销大，而且在数据量小的时候会造成资源浪费，所以云计算的弹性计算能力将是解决这个问题的完美方案。

（2）云计算的共享性能够使物联网的信息最大程度地共享。物联网的信息直接存储在"云"端，而云的服务器分布在全球的各个角落，所以连在云端的服务器不受地理位置的限制就能对信息进行各种操作，最大程度实现信息共享。

（3）云计算中的数据挖掘技术能够有效增强物联网的数据处理能力。运用该技术能够迅速地从海量的数据中提取出有用的、可理解的信息，这样才能进一步提高物联网的智能化处理能力，提高行业客户的服务满意度。

（4）物联网是对互联网的拓展，云计算是一种网络应用模式，这种新应用模式的网络可以预见在未来5年内必将形成规模，所以与物联网的融合使云计算真正从概念上走入应用，进入产业发展蓝海。

第六章 RFID 技术在制造业中的应用

第一节 RFID 技术在制造业管理信息系统中的应用研究

在制造型企业中，RFID 把各个部门的物流信息实时、准确地汇聚到物流管理信息系统的特点已引起各国 IT 企业和制造行业的广泛关注。制造业各个物流环节是相互关联、紧密结合的，如：验证元器件系列编码自动保证选用元器件的正确性、半成品搬运标识、生产制造流水线管理、仓储转存过程、物流运输及配送、装卸搬运和保管等过程，采用 RFID 技术处理后能为提高制造速度、提高准确率、减少库存、缩短生产周期等环节带来革命性的影响。

一、射频识别技术（RFID）简介

RFID 技术是利用无线电波进行通讯的一种非接触式自动识别技术。其基本原理是通过读头和粘附在物体表面上的标签之间的电磁耦合或者电感耦合来进行数据通讯以达到对标签物品的非接触式自动识别。由阅读器发送指令给天线，由天线发送无线电波"扫描"射频标签，射频标签接到信号后将数据信息返回成无线电波的形式，再由天线接收后解码成计算机可以使用的数据。

射频识别系统一般由以下三部分构成：

（1）应答器（射频标签）。应答器是射频识别系统的数据载体，应答器应放置在要识别的物体上。通常，应答器没有自己的供电电源（电池）。只是在阅读器的响应范围之内，应答器才是有源的。应答器工作所需的能量，如同时钟脉冲和数据一样，是通过耦合元件传输给应答器的。另外，射频标签可以封装成各种形状。

（2）阅读器。读取应答器数据的装置，有的具有读/写功能。一台典型的阅读器包含有高频模块（发送器和接收器）、控制单元以及与应答器连接的耦合元件。此外，许多阅读器还都有附加的接口以便将所获得的数据进一步传输给另外的系统。

（3）应用系统。用来管理收集而来的数据，如筛选、存储数据并与企业后台管理系统整合。

二、基于 RFID 的物流管理信息系统的工作原理

基于 RFID 的物流管理信息系统可以帮助制造企业实现对各种资源的实时跟踪，及时完成生产用料的补给和生产节拍的调整，从而提高资源的追踪、定位和管理水平，提升制造行业自动化水平和整体生产效率。基于 RFID 的物流管理信息系统分为四个层次。物理层：主要是 RFID 读写器通过读取制造业中各种资源的电子标签，以便获取所需的信息。这实际上属于物理操作层次。一般不涉及数据处理过程。过渡层：主要由 RFID 中间件和服务器完成数据的收集、过滤、整理及与后台管理系统的整合。另外，该层在改善数据处理速度和提高数据在互联网上传递快慢有决定性的作用。数据层：通过数据库管理系统服务器实现对已收集的数据存储和处理。比如：数据库服务器一般可以考虑安装 SQL–Server 或 ORACLE 等软件，以满足对制造业海量数据处理。管理层：该层主要是对存储的数据进行统计、比较、分析、下达操作指令及制作决策所需报表等管理活动。可以说该层是整个管理信息系统的核心层。

三、RFID 技术在制造业物流管理信息系统中应用的优势

系统的应用设计 RFID 在制造业物流管理信息系统中应用的优势主要表现在以下两个方面：首先，RFID 可以在工厂内部各制造过程发挥巨大作用，可以自动识别生产物流各环节中物料、半成品、成品的位置和状态，并把这些信息迅速、准确地传送到 MES；其次，可以提高制造业物流信息系统数据采集信息的准确性，简化出入库的人为烦琐流程，及时了解库存货物状况，使货物的存储时间、盘点操作、位置调动等工作更加精确、迅速。

（一）实时完成对产品识别和跟踪的监控

MES 通过信息的传递对生产命令下发到产品完成的整个生产过程进行优化管理。当工厂中有实时事件发生时，MES 能及实对这些事件做出反应、报告，并用当前的准确数据对它们进行约束和处理。MES 以过程数学模型为核心，连接实时数据库或非实时的关系数据库，对生产过程进行实时监视、诊断和控制，完成单元整合及系统优化，在生产过程层（而不是管理层）进行物料平衡、安排生产计划、实施调度、进行生产及优化。MES 重在动态管理，需要收集生产过程中的大量实时数据，根据现场变动进行调整。而RFID 恰恰能快速、准确地完成大量实时数据的采集工作。

因此可以通过 RFID 和 MES 的结合，对各个生产环节进行实时控制，确保生产过程顺利进行。通过安装在各个车间的固定读写器实时读取各个车间内物料的消耗情况，并把数据传输到数据库中，MES 根据实时监控得到的数据，对各个车间工作地点下达指令，进行调度（调度是基于有限能力的调度，并通过考虑生产中的交错、重叠和并行操作来准确计算出设备上下料和调整时间，其目的是通过良好的作业顺序最大限度减少生产过程中的准备时间，把半成品或成品及时运送到下一环节，使生产同步、顺畅，从而提高整体的生产效率）。当各个生产车间的物料降到了预先设置的临界点时，MES 会对 WMS 发出补料指令，仓库可以根据指令对生产车间进行补给。通过 RFID 的应用可以看到，生产过程中无须车间提出补料请求，RFID 可以自动识别用料情况，向 WMS 发出请求，完成补料，大大提高了制造业物流管理信息系统的信息化、自动化程度。但是以上功能的实现，最好是制造企业的上游供应商也采用 RFID，否则需通过承载货物的容器或托盘上的 RFID标签来实现。

（二）提高仓库作业能力，简化流程

基于 RFID 的仓库管理系统（WMS）能够更好地满足目前制造业普遍采用的供应商管理库存模式（VMI）的需求，并能保证仓储管理的先进先出原则，提高制造业库存管理的整体水平。在此假设供应商都采取 RFID 技术，并且货物的容器或托盘都贴有电子标签。

RFID 在流程中的应用主要有三个方面：出入库信息的确认、日常库存的盘点、仓库设备的实时监控。

（1）RFID 门禁系统用于出入库信息的确认：采用固定读写器和手持读写器联合使用的方式，手持读写器用于对货位及托盘信息的读取，固定读写器用来实现对货物信息和托盘信息的确认。两种读写器的应用不仅可以在运动中实现对多目标的识别，提高出入库的效率，还可以实现对货物及托盘容器的状态监控。

（2）日常库存的盘点：采用手持读写器，通过对标准化、单元化包装上标签的读取，来完成日常盘点，不仅可以节约人力成本，还可以提高准确率和盘点效率。

（3）仓库设备的实时监控：采用 UWB 读写器，可以确定设备在仓库的位置和当前的状态，便于在货物进库后，对货位与搬运工具线路进行选取。同时可以提高入库效率，并降低设备的运作成本。

此外，在库存管理方面还可以实现信息收集自动化、产品来源入库前的核对、更改电子标签上的资料而无须更改产品包装和有效管理装货（减少丢失）、更方便于品质监督、可以全程跟踪库存货物的物流情况，将损失和失误降低到最低点。RFID 技术在制造型企业中的其他应用电子标签因为其具有防冲撞性、封装任意性、使用寿命长、可重复利用等特点，适合应用于制造行业中的许多场合。如生产制造型企业的生产、物流、仓储、供应链管理的产品追踪、生产过程控制、成品下线、入库管理、产品质量检验、RFID 托盘识别和追踪、产品防伪识别系统、零配件防伪防盗、自动化仓储管理、分布式仓储管理系统、货品识别和配送管理、零售业 RFID 解决方案等。综上所述，目前基于这些广泛应用，商家们已投入了大量的精力开发出了全系列电子标签（RFID）产品，各频率电子标签、读写器、中间件、系统集成和整体解决方案。我们衷心希望把 RFID 技术和制造业物流管理信息系统结合起来，使 RFID 完成 MES、WMS 的数据采集、整理，改进传统制造业的物料补给和仓库管理流程，实现对物流各环节信息的实时监控与跟踪，从而在降低成本的同时提高生产效率，能够为制造型企业带来显著收益。

第二节　RFID 技术在制造业生产中的应用研究

以提高企业生产质量管理为核心，将 RFID 技术运用到制造业生产中，能对生产过程中的数据进行采集、分析、处理，并将处理结果发送到相应人的手中，给决策层提供数据支持，从而更能把握生产计划，进行宏观调控，使得生产有条不紊地进行；同时做到管理人员不必下车间，生产作业不必人工记录，提高了整个制造业的生产效率。

一、RFID 系统的应用

（一）应用分析

在车间的每个设备以及每个中转站配备一个 RFID 智能终端，该终端具有通信、显示屏、键盘、RFID 阅读器功能，该终端通过组网的方式与车间的工作站进行通信，实现终端与数据库的实时交互通信。

1. 系统获取终端数据，终端上刷物料批次卡，获取加工产品各项数据，然后将数据传递到车间的工作站，车间工作站将数据存入到数据库中。终端上可获取的数据包括：生产计划、工艺参数、操作指导、设备清场记录、加工任务所需的物品存放地点等。

2. 工人实时获取数据，车间员工配备员工 RFID 卡，在终端刷卡登录，终端负责将员工的各种操作请求发送给车间工作站，由车间工作站实时从数据库里查找并整理好数据格式及显示格式，然后将获取的生产任务、工艺参数下达到员工对应的终端上。另外，车间员工通过刷卡来实现其考勤、绩效考核、生产物料的识别等。数据信息实时交互终端与车间工作站实时信息互动，能实现从上层的数据实时准确地下达到车间的每一个工位，同时又实时收集车间各种数据到上层。使车间与上层的数据达到实时同步，实现了生产信息和管理信息及时地上传下达。

（二）应用结构

RFID 技术能为车间提供生产过程监控与管理，车间管理人员通过 RFID 车间控制器和 RFID 工位控制器对生产设备进行实时监控和管理。RFID 车间控制器位于企业上层管理系统和车间控制系统之间，实现现场控制系统与计划层 ERP 等系统的网络、数据及应用的集成。RFID 车间控制器通过车间控制系统实时将生产计划派发到每一个工作设备（工作点）上。关键工作点上设有 RFID 工位控制器，RFID 工位控制器位于车间控制系统和车间智能终端两部分之间，下连 RFID 读写器、条码扫描枪、电子看板等车间生产控制和检测智能终端，实现底层生产数据的采集及其与车间控制系统的通信和应用集成。RFID 工位控制器通过智能终端给车间生产人员派发生产任务，同时收集各种生产过程中的原始数据返回给车间控制系统，实现了信息的交互。

(三) 应用功能

一个基于 RFID 技术的智能生产监控系统，主要向车间管理人员、企业管理人员、计划部人员，提供生产计划管理、车间作业管理、库存管理和报表统计等功能。

(1) 员工绩效考核。车间的每一个员工都配备一张 RFID 员工卡，卡上记录了员工的出勤情况和工作工时，财务以此来统计员工的工作绩效。

(2) 物料身份识别。给所有物料都配备一张唯一编号的 RFID 卡，卡上记录了物料的各项加工参数。这样能解决生产过程中，领错物料或物料加工错误的问题。

(3) 实时库存信息。每一次物料的进出库都扫描它所配备的 RFID 卡，能实时更新库存的具体情况，为下个生产计划做一个辅助参考。

(4) 车间生产规范化。以 RFID 信息为指引，使得每一道工序都能按照固定的生产流程和工艺路线有条不紊地生产。

(5) 生产预警提示。当生产偏离某一参数的时候，系统会及时地产生一个预警信息反应到管理层，使得问题能够早发现、早控制、早处理。

(6) 产品质量的及时、准确追溯。所有产品都配备一张唯一编号的 RFID 卡，卡上记录了该批次产品生产过程中的人、机、物的信息。如果产品质量出现问题，可以通过 RFID 卡及时、准确地定位到责任人。

(7) 批记录电子化（无纸化）。RFID 智能终端和 RFID 卡自动将生产过程中产生的所有数据收集到系统中，经过处理后形成一份不可篡改的电子批记录。

（8）设备报修、报检。可以通过 RFID 智能终端将生产过程中的设备异常问题及时地反映给管理部门和设备维护部门，让上述部门能迅速做出相应的处理。

（9）生产车间系统可以根据生产过程中接收到的 RFID 信息模拟生产现场，能在车间厂房平面模拟图上直观、实时、准确地显示每一个工序，每一个岗位上的人、机、物等信息。将 RFID 这种先进的信息采集技术引入制造业生产中之后，能够实时地跟踪、监控生产情况并及时、准确地录入生产信息，保证了生产调度和现场管控的高水平，提高了制造业生产计划的执行效率，能为制造业带来显著的效益。

制造企业为了保持生产的高效、准确，对生产过程的自动化程度提出了更高要求，如果没有一个高度组织的、集成的控制系统是很难完成这样复杂的任务的。RFID 识别系统无疑是最具竞争力的产品，利用现代化 RFID 技术，可以实现生产一种产品的多种变形或是最小批量为 1 的不同产品的生产。在整个生产过程中，RFID 技术可以实现对原材料、零部件、半成品以及最终成品在整个生产过程中的识别与跟踪，降低人工识别的成本和出错率，尤其在采用了 JIT 生产的流水线上，原材料和零部件必须准时送达到工位上。运用了 RFID 技术后，企业就能够通过识别 RFID 电子标签来快速准确地从种类繁多的商品库存中，找出适当工位所需的适当的原材料和零部件，并结合运输系统及传输设备，实现物料的转移，确保流水线均衡协调生产。

二、RFID 在制造业中的需求分析

制造业生产线几乎每月都要损耗大量物料，并且生产结果与预期因为有误差而影响交货的情况时有发生，生产线也往往因人为原因造成种种误差。将 RFID 标签贴在生产物料或产品上，可自动记录产品的数量、规格、质量、时间、负责人等生产信息，代替传统的手工记录；生产主管通过读写器随时读取产品信息；其他相关人员能及时掌握生产状况并根据情况调整生产安排；采购、生产、仓储信息一致并能实时监控；物料和产品离开仓库前系统都将自动记录出入库信息，并能实时追踪物品所在地。RFID 电子标签

作为生产数据移动的载体，它在生产线上的流动，实现了生产过程中工人、工序、工件、工时的实时精确统计，从而达到实时控制生产过程，便于质量管理和追溯的目的。RFID 技术的应用将有利于企业实现实时、透明、可视的供应链管理。

三、RFID 在制造业中的应用特点

（一）数据实时共享

在制造企业生产过程中，生产线及时准确地反馈信息是十分重要的。以往只能一边生产一边手工记录故障，生产完成后统计汇总这些来源于各道工序的信息，费时费力，且有时不能做到非常精确。在生产线各道工序安装 RFID 识读设备，并在产品或托盘上放置可反复读写的 RFID 电子标签。这样，当产品通过这些节点时，RFID 读写设备即可读取到产品或托盘上标签内的信息，并将这些信息实时反馈到后台的管理系统中，管理者就可及时了解生产线工作状况了。

（二）标准化的生产控制

RFID 系统可提供不断更新的实时数据流，与制造执行系统互补，RFID 提供的信息可用来保证正确使用机器设备、工具和零部件等，从而实现无纸化信息传递并减少停工待料时间。更进一步，当原材料、零部件和装配件通过生产线时，可以进行实时控制、修改甚至重组生产过程，以保证生产的可靠性和高质量。

（三）质量跟踪和追溯

在实施 RFID 系统的生产线上，产品质量是由分布在若干处的一些测试岗位来检测的。在生产结束时或产品验收前必须能用该工件所有先前收集到的数据明确地表达其质量。利用 RFID 电子标签可以很方便地做到这一点，因为在整个生产过程中所取得的质量数据已经随产品走下生产线。

四、RFID 在生产流水线上的应用原理

目前基于条形码的生产管理系统使各种质量分析和控制得以方便地实现，但条形码技术也有其明显的缺点，如易被污染、易被折损、扫描距离近

等，批量识读效率不高，无法满足快速高效的需求。利用 RFID 电子标签、条形码、传感器采集生产线现场的实时数据，把读到的数据通过网络（有线或无线）传给上位设备（控制器或计算机）。然而要管理松散的传感器就需要一种全新的、可以自动发现并组织网络的管理机制。

采用的方法是部署 RFID 读写器，同时建立读写器网络连接，解决读写器网络的规划、优化和控制问题。物品上的 RFID 标签，配合连成网络的 RFID 读写器，每一次识别就意味着对物品的一次追踪。具体的工作过程为：流水线上一个产品的加工流程分为若干道基本工序，每个加工单元（或工人）只完成其中的一道工序，在加工过程中只重复地完成一个简单操作；生产加工过程中的所有单元通过一条主导轨相连。被加工的产品在该导轨上传递，形成生产流水线。同时，主导轨在各加工单元处分支出一条支导轨，供物料或产品进出加工单元。物料自动传递至各工作单元，即通过安装在主导轨上的 RFID 扫描器，检测物料上的电子标签来识别物料，并根据预设的物料工序路径控制物料自动送至正确的工作单元进行加工。由于企业产品的生产大多依据订单进行投产，并且每单型号都有差异，因此自动化的物料流跟踪是顺利生产的重要前提条件。

对于每道生产工序，必须要对产品型号明确识别，以避免物料配置出差错。在每个加工岗位上对电子标签中的产品数据进行修改，所产生的数据流可以在各个加工岗位之间建立起一个共享的信息平台，它减轻了控制系统的负担。特别是在生产及加工过程变得越来越快的背景下，信息随产品传递并且能够及时使用就成了加快生产过程的决定因素。

五、应用系统架构

由 RFID 在生产线上的部署可以看出，RFID 读写器中采集的各种信息通过网络传输到生产线控制室计算机上，将分散于现场的数据集中起来存储到数据库中，经过进一步加工处理，将标签与产品信息进行绑定，实现信息与服务的紧密结合，构成基于 RFID 的生产管理系统。RFID 应用系统提供多种应用和服务，包括：生产线状况监控、员工行为监控、生产管理、质量管理与追踪、物料管理、作业调度、现场操作指导、生产数据实时上传等。RFID 应用系统采用分散控制集中管理的开放式体系架构，即对每条生产线采用分散控制，而对企业总体生产管理则进行集中管理，从而将分散的控制系统、生产调度系统和管理决策系统有机集成起来。作为企业级应用，系统包括 RFID 应用服务器、企业应用服务器、数据处理器、RFID 中间件、RFID 读写设备、生产线监控设备等。

企业应用服务器支持企业 OA/MES/ERP/SCM/CRM 等信息系统的运行；数据处理器实现条形码、RFID 数据、过程事件、产品信息的管理；RFID 中间件提供与 RFID 读写器、传感器的连接；生产线监控设备负责存储和管理生产过程中各种时态数据。电子标签关联在生产线所生产的产品上，随着生产作业过程的进行，可随时更新电子标签内的数据。在数据库系统的支持下，还可以在线或离线地查询生产过程中产生的历史数据，为事后的追踪和统计分析提供强大的支持手段。

六、实现的系统功能

根据对系统总体设计的要求，整个 RFID 应用系统包括系统管理、生产作业管理、生产查询管理、资源管理、生产监控管理和数据接口。各主要模块功能如下。

（一）系统管理

系统管理模块可以定义某型号家电产品生产特性及物流管理信息系统用户，执行功能的权限及用户使用功能的授权，完成数据的备份作业，并对各子系统公用的基础数据进行维护，如工序（位）、工人、车间等信息，这些基础数据是进行上线设置和运行调度的功能基础。

（二）生产作业管理

该模块滚动接受主生产计划，自动生成车间作业计划，可以控制物料行径、优先级调度、生产同步等。系统设置的控制器会按生产节拍触发阅读器读取装配线上的产品型号信息，通过 RFID 阅读器对标签的识读，实现对现场作业信息（包括装配信息和质量检验信息）的录入，并把相关信息输入到服务器上的数据库，同时在每个工位的屏幕上实时动态显示装配线上的产品信息、选装、零部件配置等信息，现场操作人员不仅可以直观地了解当前该工位应该做什么事，还可以实时地向物料部门发布需求信息，以便所需配件及时送到所需工位。

(三) 生产查询管理

该模块主要为企业管理人员提供及时的生产线工作状况，采用图表、直方图或饼图等方式进行直观的反映，为管理者提供决策依据。查询功能可以查询到每个工位的操作信息，如装配的具体时间、物料需求信息、员工操作结果、质量状况等，还可以追溯生产历史，从而定位残次品产生的环节和原因。

(四) 资源管理

该模块主要对生产线所需的一些设备进行管理，提供给用户当前各设备的工作状态，及时了解现有设备的实际使用情况，以便为安排生产或者设备维护提供参考依据，可以根据生产设备的负荷情况制定日、周、月的生产计划，保证生产的正常进行。

(五) 生产监控管理

该模块主要提供信息给一般用户、企业管理人员、领导等需及时了解生产进度情况的人员。它主要包括订单执行情况的实时监控、工序生产的实时监控、工位 (台) 生产的实时检测。这些实时监测功能为用户提供了整体或局部的生产执行信息，以便用户及时根据实际情况调整生产计划。数据接口。该模块提供与车间电气控制设备、MES、ERP、SCM 或其他车间管理信息系统的数据接口功能。

第三节　射频识别（RFID）技术在动物食品溯源中的应用

21 世纪初，射频识别（RFID）技术被 ISO 和其他认证机构确定为供应链的首选管理手段。随着现代科技的发展，RFID 技术愈加展示出它无穷的魅力和发展潜力。现今，射频识别技术被广泛应用于各种行业和领域。在供应链管理、矿井管理、交通管理、生产线自动化、物品监视、军事物流等热门领域都留下了 RFID 的足迹。现在人们的饮食习惯随着经济的发展而变化，健康饮食已经成为人们提高生活水平的迫切需求。动物性食品安全溯源对于人民的身体健康以及全社会的稳定发展起着无可替代的作用。世界各国和政府也对动物的示踪和识别采取了不同的政策和手段。美国农业部长颁布法令，在任何州、地区，若发现动物或家禽患有可遗传性疾病或者传染性疾病，就必须建立检疫系统。在英国，政府规定对牛、猪、绵羊与山羊、马等饲养动物必须采取各种示踪与识别手段。识别与示踪的目的是提升消费者对肉类制品的消费信心。动物性食品的安全问题也同样引起各级政府对动物识别与示踪的高度重视。

为了防止动物口蹄疫的发生，北京市各区县首次对偶蹄动物采取相应管理措施，对猪、牛、羊等偶蹄动物进行了强制免疫，免疫后又给其佩戴了动物耳标，对其进行安全高效养殖。2016 年，食品质量安全认证与溯源国际研讨会在北京召开，全体参会代表就食品质量安全认证与溯源方面的热点问题进行了深入而广泛的探讨和交流。近几年来，随着 RFID 业的迅猛发展，动物示踪与食品溯源技术也有了长足的进步。

一、RFID 技术与传统条码技术的区别与联系

食品安全溯源可有效预防和减少供应链各关键环节的存在问题。当某一环节出现问题，可追溯至源头，找到问题所在并进行有效治理。它是食品安全风险管理的重要措施，是食品安全生产销售供应链全程控制的有效技术手段，是人民身体康健的重要保证。为确保食品安全，美国、日本等发达国家明确要求出口到当地的食品必须能够进行示踪和溯源。目前，食品供应链安全管理的技术手段主要有条码技术和 RFID 技术两种。在过去的几十年间，食品行业广泛采用条码技术进行安全追溯，但其存在一些局限性：

（1）尺寸相对较大，不适宜在较小的物品上使用。

（2）一次只能扫描 1 个条形码，而 RFID 读写器可同时读取多个电子标签。

（3）条形码载体为纸张，磨损或脏污情况不可读取。

（4）条形码不具备可重复使用性与穿透性。

（5）条形码数据存储量小且安全性较低。

二维条形码电子标识在一维条码的基础上逐渐发展起来，其获取前端

属于光学信号读取装置，虽较一维条码提高了食品标识的自动获取能力，但易受光线、雾气、血污等物理环境的影响。RFID 电子标签与条码技术相比具有很多优势：RFID 读写器不仅可同时读取多个 RFID 电子标签，而且可在短时间内写入和存取数据；RFID 电子标签的小型化与多样化，可适应不同产品的需要；RFID 电子标签抗污染能力和耐久性较强，可重复使用；具备穿透性与无屏障读取能力；数据存储量较大且安全性高。基于以上优点，RFID 技术更加适合于食品供应链全程高效管理。应用 RFID 技术（可以用同位素、矿物元素、DNA、虹膜等检测技术对 RFID 技术进行监督和支撑）不仅可以对个体进行识别，而且可以对供应链全过程的每一个节点进行有效的标识，从而对供应链中食品原料、加工、包装、贮藏、运输、销售等环节进行示踪与追溯，及时发现存在的问题，并进行妥善处理。

二、RFID 技术在动物食品溯源方面的发展动态

随着人们生活水平的提高，确保动物性食品的安全性已经成为当前急需解决的问题。英国及其他欧洲国家疯牛病的出现，使人们对食品安全、质量保证及环境保护越来越关注。动物性食品的生产加工链逐渐增长，环节也逐渐增多，消费者很难从食品链的最终环节了解食品的来源和生产过程。RFID 系统的引入将使食品供应链的透明度大大提高，动物食品可追溯系统在此基础上也逐渐发展起来。国内外相关部门都在努力实现动物的安全、优质、高效养殖，从而保证"从农场到餐桌"的动物性食品的安全。

（一）国内发展动态举例

（1）邛崃"金卡猪"从 2015 年起，邛崃市开始运用计算机对生猪进行饲养全过程监控，实施生猪可追溯养殖。他们以此为基础，采用先进的 RFID 技术，为一万头生猪安装动物电子标签，并将其称为"金卡猪"，实现生猪供应链透视化管理，建立起了生猪产业链"信息库"。

（2）台北"活鱼履历"台北应用 RFID 技术，实现对健康的活鱼从养殖场到经销商"续养"过程的产销履历管理。"续养"过程的养殖情况将直接影响食品质量，关乎消费者的身体健康和生命安全。因此，这种"活鱼履历"管理形式的重要性是为打造活体水产生态圈、提高水产品质量提供了有效

保证。

（3）大连黑牛基于 RFID 技术的"肉牛质量安全追溯系统"是利用电子耳标建立黑牛电子档案，将黑牛出生到屠宰全过程的信息记录到数据库中，管理者通过网络可方便地了解每头牛生长发育情况、疾病情况以及饲料、兽药使用情况，实现全程可追溯。

（4）光明乳业。在客户为中心、用户为导向的信息化建设原则基础上，光明乳业把 RFID 技术的应用纳入到工作计划中，借助于结合 RFID 等先进技术的信息管理系统，实现快速高效发展。

（二）国外发展动态举例

（1）美国即将实施"全国动物监测系统"。

美国农业部"全国动物监测系统"（NAIS）通过 RFID 技术对与外来动物疾病有接触史的所有牲畜和饲养场地进行示踪。主要监测牛类、山羊、绵羊、猪、家禽、驯鹿、麋鹿以及其他饲养类动物，以预防死亡性疾病的传播。

（2）乌拉圭 200 万头牛贴标。

为防止传染性疾病（如疯牛病）的发生，乌拉圭发起一项强制性牲畜贴标项目，一些农场已经完成了 200 万头牛 RFID 贴标。RFID 系统将与一个记录每头牛生长史和位置的网络数据库相连，追踪牛从出生到餐桌的全过程。

（3）日本大力推广食品溯源。

日本目前推广的"食品溯源制度"目的是利用当今发达的 RFID 技术，实现产品供应链所有环节的"履历"管理。若某环节出现问题，通过记录就能够迅速找到原因。如日本商场出售的和牛都会佩戴电子标签，通过读取标签可了解和牛生长过程信息。

三、RFID 技术在动物食品溯源方面的发展趋势

（一）国际 RFID 产业的发展趋势

近几年来，畜禽疾病、环境污染、药物残留等食品安全危机的频繁发生严重影响了人们的身体健康，引起了世界各国的广泛关注。而 RFID 技术却在此时让人们看到了它更加广阔的发展前景。将 RFID 技术应用于食品安

全追溯管理，归根结底归功于其强大的技术优势。它快速、自动、准确地采集各种信息，并将信息通过数据库和网络技术进行整合，实现统一管理、协调运作，保证追溯的可能性和有效性。RFID 技术已逐渐被各国家所接受并应用于各种领域，因此，它必将对人们的日常生活及全社会的信息化水平产生深远的影响。RFID 产业将更加全球化。ID Tech Ex 预测全球 RFID 市场将从去年的 49.3 亿美元上升到 52.9 亿美元。在政府的推动下，RFID 产业的发展更加迅速。RFID 市场的发展之快也必将带动动物食品安全溯源技术的巨大进步，从而提高全民族乃至世界人民的生活水平与健康水平。

（二）中国将成为 RFID 产业最大市场

我国 RFID 市场规模也在逐渐壮大。2015 年，我国 RFID 项目数量已经超过德国和日本，首次成为世界 RFID 产业最大市场。据行业专家估计，在今后的数年，我国的 RFID 技术应用将深入到更广阔的发展领域。消费行业、食品安全、宠物管理、物流、工业、金融业、医疗业及政府部门都是颇具发展潜力的领域。高频和超高频将成为未来主要应用频率，芯片制造、软件系统开发与集成能力都将上升到一个新台阶。我国加入 WTO 后，将会有更多的食品出口到欧盟、美国等国家和地区。对于食品安全而言，为了符合欧盟食品安全示踪与追溯的要求，提高我国出口食品质量，增加食品的国际竞争力，大力推广 RFID 食品溯源技术迫在眉睫。在未来的十年里，中国的 RFID 产业将呈现巅峰式发展。

（三）动物性食品质量可追溯系统

动物性食品质量可追溯系统主要分为养殖场系统、屠宰场系统和销售系统三部分，各部分之间的数据连接通过网络来实现。牲畜在饲养和屠宰加工的过程中，工作人员利用电子标签阅读器采集牲畜信息，通过网络传入中央服务器，并将牲畜的相关信息及代码附于产品包装上，供消费者登录中央服务器进行查询。

四、RFID 技术在动物食品溯源方面的应用效益

（一）经济效益

首先，动物性食品质量的提高会直接给 RFID 产业带来的巨大的经济效

益。动物性食品安全生产的全程示踪和追溯可提高产品的自身价值。人们对优质商品购买力的提高在带来经济效益的同时，也将促使传统养殖方式向现代化养殖方式改进，形成食品溯源的良性循环。其次，降低劳动和生产成本也将间接带来经济效益。基于 RFID 技术的溯源系统的应用可以减少人力；通过对动物个体的监测和科学饲养可以降低养殖成本；合理利用和共享信息资源，提高产业集约化程度，从而可提高投资回报率。

（二）社会效益

很多大型养殖场都开始使用 RFID 技术进行动物信息的采集与管理。以信息化来带动传统养殖企业的改造，可以带来如下社会效益：

（1）提高科技人员的技术水平和文化素养。虽然养殖企业使用了 RFID 技术和数据库管理系统对牲畜信息进行采集与管理，但深入理解和学会使用这些技术则需要更高的信息素养和统筹的管理理念。若数据监控中心的动物信息需要人工录入，则要求信息录入者具有工作态度认真，讲究诚信等良好品质。

（2）增强消费者的消费信心。民以食为天，食品安全已成了普天下百姓关注的焦点。然而，在动物性食品生产中存在的各种问题以及近几年动物疫情的爆发极大地挫伤了消费者的消费信心。为此必须实现对动物饲养的全程示踪和问题畜肉的可追溯。

（3）动物性食品溯源系统平台具有示范作用。目前我国食品溯源产业的发展刚刚起步，技术水平与管理方式还不成熟，这就需要良好的示范。随着现代化养殖技术的日益成熟，示范将带来巨大的社会效益。它可使一些采用企业化管理的大型养殖场比较容易地进行信息化改造，其生产和管理水平将逐步与国际接轨。

五、动物食品溯源的关键技术与存在问题

（一）标准不统一

RFID 技术的应用缺乏统一标准，将使市场上食品质量参差不齐，人们无法辨认食品安全性，供应链关键环节的溯源也出现障碍。由于编码、频段不统一，RFID 技术的引入也无法给读写、查询及回溯带来很大的方便，甚至产生更大的问题与不便。

（二）成本偏高

价格是影响 RFID 的大规模应用的一个重要因素。其一，RFID 配套设备的价格昂贵，其先进性和复杂性决定了安装配置必须由专业人员进行，这成为其普及的一个障碍。其二，标签价格较高，很难做到单件产品都贴有RFID 标签，无法实现大规模应用。

（三）信息链问题

进行动物性食品示踪与追溯，要对动物生长过程及供应链中的每个环节进行记录，包括采集原有的表示信息，并将全部信息表示在加工成的产品上，以备下一个加工者或者消费者使用。任何一个环节出现问题，整个供应链将无法正常运行，这是实施示踪与追溯的最大问题。

（四）仪器化程度不够且资源利用率低

优良的仪器可提高食品安全检测的效率与可靠度。创新开发思想、研制先进仪器如单指标快速检测仪和在线检测仪等才可实现现代化高效检测。同时，检测实验室、仪器设备、人员的闲置等现象频繁出现，资源没有得到有效利用。

六、RFID 技术在动物食品溯源中的应用前景

RFID 技术的开发和应用在我国正处于起步阶段，但全球 RFID 市场的迅速崛起，将为我国的 RFID 产业起到巨大的示范作用。我国的一些省市在动物食品溯源管理项目的研发上仍比较滞后，但随着我国动物食品全程质量和安全追溯管理项目的逐步推广，最终将形成适合我国国情的、具有自主知识产权的食品安全管理解决方案。RFID 技术将以其快速化、自动化的优势逐步取代条码的应用，大大的拓宽食品溯源产业的视野。食品溯源产业将统一标准以保证产业有序发展。产业链环节的复杂和食品的高时效性需要先进的 RFID 技术的支撑。而 RFID 的技术优势表明，动物性食品溯源系统能够在复杂的多环节供应链中示踪动物成长及产品供应信息，能为"食品从何而来，是否安全"等问题给出详尽可靠的回答。在政府的推动下，RFID 产业将与信息化建设紧密结合，在动物性食品安全溯源方面的发展空间将愈加广阔。

第四节 RFID 中间件技术在物联网中的应用及研究

一、概述

物联网（Internet of things）是：通过射频识别（RFID）、红外感应器、全球定位系统、激光扫描器等信息传感设备，按约定的协议，把任何物品与互联网连接起来，进行信息交换和通信，以实现智能化识别、定位、跟踪、监控和管理的一种网络。物联网就是"物物相连的互联网"。这有两层意思：第一，物联网的核心和基础仍然是互联网，是在互联网基础上的延伸和扩展的网络；第二，其用户端延伸和扩展到了任何物品与物品之间，进行信息交换和通信。EPC 系统是在计算机互联网和射频技术 RFID（的基础上，利用全球统一标识系统编码技术给每一个实体对象一个唯一的代码，构造了一个实现全球物品信息实时共享的实物互联网。EPC 系统的产生将为供应链管理提供前所未有的、近乎完美的解决方案，以 EPC 软硬件技术构建的物联网，可实现全球的万事万物于任何时间、任何地点彼此相联，互相"交流"，将使产品的生产、仓储、采购、运输、销售及消费的全过程发生根本性变化。它是条码技术应用的延伸和扩展。

如果在每件产品都加上 RFID 标签之后，在产品的生产、运输和销售过程中，读写器将不断收到一连串的产品电子编码。整个过程中最为重要，同时也是最困难的环节就如何传送和管理这些数据。为了管理这些巨大的数据流，自动识别产品技术中心（Auto ID Center）推出了一种分层、模块化的 Savant（即 RFID 中间件）。

（一）RFID 中间件的相关概念

RFID 中间件是实现 RFID 硬件设备与应用系统之间数据传输、过滤、数据格式转换的一种中间程序，将 RFID 读写器读取的各种数据信息，经过中间件提取、解密、过滤、格式转换、导入企业的管理信息系统，并通过应用系统反应在程序界面上，供操作者浏览、选择、修改、查询。中间件技术也降低了应用开发的难度，使开发者不需要直接面对底层架构，而通过中间件进行调用。

（二）RFID 中间件的特点

RFID 中间件是一种消息导向的软件中间件，信息是以消息的形式从一个程序模块传递到另一个或多个程序模块。消息可以非同步的方式传送，所以传送者不必等待回应。RFID 中间件在原有的企业应用中间件发展的基础之上，结合自身应用特性进一步扩展并深化了企业应用中间件在企业中的应用。其主要特点是：

（1）独立性，RFID 中间件独立并介于 RFID 读写器与后端应用程序之间，不依赖于某个 RFID 系统和应用系统，并且能够与多个 RFID 读写器以及多个后端应用程序连接，以减轻架构及其维护的复杂性。

（2）数据流，它是 RFID 中间件最重要的组成部分，它的主要任务在于将实体对象格式转换为信息环境下的虚拟对象，因此数据处理是 RFID 最重要的功能。RFID 中间件具有数据的采集、过滤、整合与传递等特性，以便将正确的对象信息传到企业后端的应用系统。

（3）处理流，RFID 中间件是一个消息中间件，功能是提供顺序的消息流，具有数据流设计与管理的能力。在系统中需要维护数据的传输路径，数据路由和数据分发规则。同时在数据传输中对数据的安全性进行管理，包括数据的一致性，保证接收方收到的数据和发送方一致，还要保证数据传输中的安全性。

二、RFID 中间件关键技术

RFID 中间件在物联网中处于读写器和企业应用程序之间，相当于该网络的神经系统。Savant 系统采用分布式的结构，以层次化进行组织、管理数据流，具有数据的搜集、过滤、整合与传递等功能，因此能将有用的信息传送到企业后端的应用系统或者其他 Savant 系统中。各个 Savant 系统分布在供应链的各个层次节点上，如生产车间、仓库、配送中心以及零售店，甚至在运输工具上。每一个层次上的 Savant 系统都将收集、存储和处理信息，并与其他的 Savant 系统进行交流。例如：一个运行在商店的 Savant 系统可能要通知分销中心还需要其他的产品，在分销中心的 Savant 系统则通知一批货物已经于一个具体的时间出货了。由于读写器异常或者标签之间的相互干扰，有时采集到的 EPC 数据可能是不完整的或是错误的，甚至出现漏读的情况。因此，Savant 要对 Reader 读取到的 EPC 数据流进行平滑处理，平滑处理可以清除其不完整和错误的数据，将漏读的可能性降至最低。读写器可以标识读范围内的所有标签，但是不对数据进行处理。RFID 设备读取的数据并不一定只由某一个应用程序来使用，它可能被多个应用程序使用（包括企业内部各个应用系统甚至是企业商业伙伴的应用系统），每个应用系统还可能需要许多数据的不同集合。

因此，Savant 需要对数据进行相应的处理（比如冗余数据过滤、数据聚合）。在研究 RFID 中间件中需要解决的问题很多，在这里主要讨论三个关键问题：数据过滤、数据聚合和信息传递。

（一）数据过滤

Savant 接收来自读写器的海量 EPC 数据，这些数据存在大量的冗余信息，并且也存在一些错读的信息。所以要对数据进行过滤，消除冗余数据，并且过滤掉"无用"信息以便传送给应用程序或上级 Savant 以"有用"信息。冗余数据，一是在短期内同一台读写器对同一个数据重复上报。如在仓储管理中，对固定不动的货物重复上报，在进货出货的过程中，重复检测到相同物品。二是多台临近的读写器对相同数据都进行上报。读写器存在一定的漏检率，这和阅读器天线的摆放位置、物品离阅读器远近、物品的质地都有关系。通常为了保证读取率，可能会在同一个地方相邻摆放多台阅读器。这样多台读写器将监测到的物品上报时，可能会出现重复。除了上面的问题外，很多情况下用户可能还希望得到某些特定货物的信息、新出现的货物信息、消失的货物信息或者只是某些地方的读写器读到的货物信息。用户在使用数据时，希望最小化冗余，尽量得到靠近需求的准确数据，这就要靠 Savant 来解决。对于冗余信息的解决办法是设置各种过滤器处理。可用的过滤器有很多种，典型的过滤器有四种：产品过滤器、时间过滤器、EPC 码过滤器和平滑过滤器。产品过滤器只发送与某一产品或制造商相关的产品信息，也就是说，过滤器只发送某一范围或方式的 EPC 数据。

时间过滤器可以根据时间记录来过滤事件，例如，一个时间过滤器可能只发送最近 10 分钟内的事件。EPC 码过滤器可以只发送符合某个规则的

EPC 码。平滑过滤器负责处理那些出错的情况，包括漏读和读错。根据实际需要过滤器可以像拼装玩具一样被一个接一个地拼接起来，以获得期望的事件。例如，一个平滑过滤器可以和一个产品过滤器结合，将反盗窃应用程序感兴趣的事件分离出来。

(二) 数据聚合

从读写器接收的原始 RFID 数据流都是些简单零散的单一信息，为了给应用程序或者其他的 RFID 中间件提供有意义的信息，需要对 RFID 数据进行聚合处理。可以采用复杂事件处理 CEP（Complex Event Processing）技术来对 RFID 数据进行处理以得到有意义的事件信息。复杂事件处理是一个新兴的技术领域，用于处理大量的简单事件，并从其中整理出有价值的事件，可帮助人们通过分析诸如此类的简单事件，并通过推断得出复杂事件，把简单事件转化为有价值的事件，从中获取可操作的信息。

在这里，利用数据聚合将原始的 RFID 数据流简化成更有意义的复杂事件，如一个标签在读写器识读范围内的首次出现及它随后的消失。通过分析一定数量的简单数据就可以判断标签进入事件和离开事件。聚合可以用来解决临时错误读取所带来的问题，从而实现数据平滑。

(三) 信息传递

经过过滤和聚合处理后的 RFID 数据需要传递给那些对它感兴趣的实体，如企业应用程序、EPC 信息服务系统或者其他 RFID 中间件，这里采用消息服务机制来传递 RFID 信息。RFID 中间件是一种面向消息的中间件（MOM），信息以消息的形式从一个程序传送到另一个或多个程序。信息可以异步的方式传送，所以传送者不必等待回应。面向消息的中间件包含的功能不仅是传递信息，还必须包括解释数据、安全性、数据广播、错误恢复、定位网络资源、找出符合成本的路径、消息与要求的优先次序以及延伸的除错工具等服务。通过 J2EE 平台中的 Java 消息服务（JMS）实现 RFID 中间件与企业应用程序或者其他 Savant 的消息传递结构。这里采用 JMS 的发布 / 订阅模式，RFID 中间件发布给一个主题发布消息，企业应用程序和其他的一个或者多个 Savant 都可以订购该主题消息。

其中的消息是物联网的专用语言——物理标示语言 PML（Physical

Markup Language）格式。这样一来，即使存储 RFID 标签信息的数据库软件或增加后端应用程序或改由其他软件取代，或者增加 RFID 读写器种类等情况发生，应用端都不需要修改也能进行数据的处理，省去了多对多连接的维护复杂性问题。本文简单介绍了物联网及 RFID 在物联网中的应用，阐述了 RFID 三个特点及三个关键技术及关键技术的解决办法。作为物联网神经系统的 RFID 中间件实现了读写器与企业应用程序端的连接，省去了多对多连接的维护复杂性问题，降低了企业整合费用。但是，RFID 中间件是一个复杂而又重要的系统，它的进一步推广应用还需要逐步改进和完善。

第七章　物联网应用研究

第一节　网络机房管理的物联网应用研究

在国家大力提倡建设数字化校园的背景下，部分校园已经引入现代化设备来强化校园管理，信息化设备的引进也提升了校园管理的水平，依托于先进的科学技术，使校园整体科技水平上升到一个新的台阶。校园引入现代化的设备，使校园基础网络硬件设备以及服务器数量逐渐增多，部分校园正处于新设备与老旧设备交替的阶段，导致机房设备经常会出现无法预判的故障，为机房管理者乃至校园管理带来很多麻烦。为了能够顺利解决机房设备故障的监控问题，降低机房设备的故障率，有必要形成一种更为先进管理策略，为机房的稳定运行创造有利条件。笔者拥有多年的机房管理经验，在此技术上对机房中出现的常见问题以及所应用的技术进行较为深入的分析，设计研发出一套网络机房设备监控系统，系统主要通过 RFID 技术与传感技术来提供支撑，从而实现对机房更加有效的管理，同时在技术推广方面具有可行性，对机房管理的创新和发展具有重要意义。

一、射频识别技术

射频识别技术是自动识别技术中的一种，这种技术并不需要人与物直接发生接触，而是以射频信号的方式来实现技术监控的技术，其主要由三部分构成，分别为：标签、阅读器和天线。标签是具有存储和计算功能的电子编码，并且每个标签所对应的电子编码是唯一的。标签主要是由两个部分组成，即耦合元件和内部芯片。通过技术手段使标签附着在待测物体上，能够对周围的环境以及所检测的目标进行锁定，而后基于识别技术来实现对目标的判定，从而获得目标的具体信息，同时在锁定目标时通常为单一目标，具有唯一性。阅读器的主要功能是读取接收到设备信息，有些阅读器不仅能够读取，同时还具备写入功能。通常情况下，阅读器拥有两种模式，一是手持式，二是固定式，通过阅读器能够实现设备信息的读写。在 RFID 技术中，阅读器是非常重要的核心部件，信息传递和处理主要就是通过阅读器来实现的。天线主要是由善于接收信号的金属部件，能够实现射频信号之间的传递。RFID 技术的基本工作原理：一套完整的 RFID 系统，是由解读器、电子标签及应用软件系统三个部分所组成，在磁场控制作用下，依托于磁场内部感应电流所产生的能量，通过标签将内部芯片中的信息发送出来，解读器接收到发出的射频信号并解码，再将解码后的信息发送到中央信息系统。标签在特定的情况下，通过某一固定频率向外发送射频信号，与此同时，解读器针对这一固定频率来接收信号，并通过解码器解码后发送给中央信息系统。

（一）传感器

传感器是整个物联网模式中的重要组成部分，是对物质世界进行感知的设备，能够对周边环境的信息和参数等原始信息进行采集，比如热度、力度、光照、位移等，传感器中包含的信息是最为客观和真实的，能够为物联网系统在处理各种事物时的客观环境提供支撑。网络技术和电子技术在不断革新，传感器的发展也更趋多元，体积越来越小的同时更加智能，能够更好的满足当前网络化与信息化发展的需求。传感器的发展已经逐渐跨越了智能化，正在向更加前沿的领域推进，嵌入式 Web 传感器就是新型传感器的典型代表。

（二）无线传感网

传感器网络的搭建必须具备最基本的三个要素，一是随机分布的传感器，二是实施数据处理的单元，三是实现相互通信单元的节点。在同一传感器网络内可以布置有多个传感器，每个传感器都可以对其邻近的设备和环境实施监测，其中包括：热、声纳、红外波、雷达波、地震波等多种信号，同时还能够对周边的大气、温度、湿度、光照、压力、土壤、位移等信息进行收集。通过传感器这种集成分布式的信息采集模式，能够在技术上实现一种基于网络的信息系统。随着技术的不断进步，传感器也正在向低能耗、微型化方向发展，在布网结构方面更趋灵活，在各个领域中应用非

常广泛。在 M2M 中，目前，近距离的连接技术一般有以下几种，UWB、Zig
Bee、RFID、Bluetooth 和 802.11b/g，而 GSM/GPRS/UMTS 则是目前主要的远
距离连接技术。与此同时，传感器技术的发展和成熟也使创造出多种新兴技
术，如 XML、Corba、基于 GPS 的网络定位技术等。如今，物联网的发展仍
然要借助传感器，并且逐渐形成了基于传感器的多项前沿技术，例如传感器
网络自检技术、传感器网络安全技术、智能化节点技术等。

二、物联网技术在网络机房设备管理方面的应用

若要构建更加完善的数字化体系，机房设备的种类和数量势必会不断
增加，这为机房管理带来极大不便。机房管理员必须要对机房的设备有清晰
的了解，同时对网络机房硬件设备采购的时间、设备型号、保养和维修等进
行记录，这样才能够使机房设备尽可能高效稳定的运行，从而尽量避免或者
降低网络机房设备出现故障的机率。基于 RFID 技术的支持网络机房管理系
统主要由后台管理系统、RFID 硬件部分和 RFID 中间件部分三个部分组成。
其中，在 RFID 硬件中，主要包括上述内容中提及的标签、阅读器以及天线，
而中间件部分则主要为对整个网络进行监视的终端设备。机房资产管理系统
根据传感器中的电子标签来实现对设备信息的解码，获得机房中的硬件信
息，更加准确的对机房中的设备进行定位。

通过 RFID 中间件能够实时接收到设备中的各种信息，在经过阅读器的
转存与解码后，将其发送至最为核心的后台管理系统，由后台来对接收到的
信息进行处理，将分析结果直观的呈现给机房管理员，还能够为机房管理员
提供具有可行性的解决方案，由机房管理员来选择对应的方法对设备进行相
应的管理。机房资产管理系统中，能够将机房的硬件设备以电子标签的形式
向外发送，并将硬件设备信息与电子标签进行绑定，使后台管理员能够更加
简单的实现对设备信息和位置的确定。RFID 中间件主要实现对设备信息的
存储，按照管理员设定的时间间隔，定时向系统推送设备信息，对原信息进
行更新，并将这些信息发送到服务器。通过后台管理系统能够对机房资产进
行判定，确认是机房资产后对其实施检查和定位，如果确认机房设备或环境
存在异常，那么则会以短信的方式直接发送到管理员的手机上，敦促机房管

理员来对这种异常进行排查。管理员在接收到报警信息后，可以通过系统的终端设备来对存在问题的设备实施检测，同时也可以通过手持 RFID 阅读器来完成现场检验。

三、网络机房环境数据监测的应用

为了使机房设备高效运行的同时尽可能减少故障，必须实时对网络机房设备进行检测。网络机房环境监测的应用主要是针对网络机房内部不同的位置进行漏水、湿度、温度等房内环境状况进行监测，实时提供机房环境监测的数据，并实现远程网络监控和查询功能。机房环境监测的应用系统主要由传感器（如烟雾传感器、漏水传感器、温湿度传感器）和后台管理模块两部分组合而成。烟雾传感器：根据我国目前消防有关规定，每 25～40 平方米需要安装一个烟雾传感器。烟雾传感器内的烟雾达到一定数量的时候，传感器就会触发警报设置，发出声光报警信号，并通过预先设定的通信接口向后台管理模块发送警报信号，与此同时，也可以同步绑定通讯工具，实时传递报警信息。漏水传感器：通过在网络机房内的空调、水管、窗户等主要部位附近安装感应线和监控模块，实时监测空调漏水情况，一旦监测到漏水信号，通过监测模块即时发送到后台管理系统。

温度、湿度传感器：目前，对于网络机房中的设备从工艺上都要求环境的温度和湿度必须达到一个很高的标准，网络机房中的温湿度传感器是按照机房的面积来进行部署的，通过安装一定数量的温湿度传感器，实时地监测网络机房中的温湿度，并将监测到的数据通过网络通信接口实时地传送到后台管理系统。管理员通过对网络机房的环境监测，能够及时掌握机房内的温湿度、水汽含量、烟雾量等具体的环境信息，并将机房的环境监测数据传送到系统中，管理员则可以在终端设备上进行远程操控。

对于物联网条件下的传感技术在应用到机房环境监测时，主要有两部分构成，一是传感器，二是后台管理系统。传感器能够将所采集到的信息实时传输到系统，在机房中的传感器通常侧重于对温湿度、漏水和烟雾的监测。后台管理系统能够对传感器发送的信号进行实时接收，同时还能将机房中的传感器所监测的环境数据发送给系统，依托于短信技术，一旦机房出现异常，那么系统将会以短信的方式来进行报警，使管理员并不一定必须要在机房内实施监测，即便不在机房或者设备终端，同样能够对机房内部的环境异常有所掌握。

依靠物联网技术能够对网络机房中的设备进行更加全面的管理，对设备的实时信息进行监测，并以数据的形式存储到系统的数据库中，为管理员更好的解决机房设备问题提供便利，从而对机房实施更加全面而有效的管理。基于这种物联网应用模式，能够使机房在无人值守的情况下也能够对内部出现的异常进行及时的掌握，这样就可以大大减轻机房管理员的负担。因此，结合物联网相关技术实现对网络机房的维护和管理，能够更加全面对机房的设备信息与内部环境进行监测，使机房管理更加高效，并且能够以技术手段实现实时预警和分级预警，增强机房设备运行的安全性、可靠性和稳定性。

第二节　物联网技术在海关管理中的应用研究

中华人民共和国海关是负责国家进出境监督管理的行政机关，依法监管进出境的运输工具、货物、行李物品、邮递物品和其他物品。而物联网是通过感知的方式，实现人与物、物与物彼此互联的网络。依靠物联网技术，海关能够进一步提高履职能力，优化监管质量，提高服务效率，并有效防范执法风险和廉政风险。

一、应用的必要性分析

（一）全球各国信息革命面临的机遇与挑战

自 2016 年以来，全球各国都面临着金融危机和环境保护的双重压力。后金融危机时期，国际政治经济环境愈加复杂，技术革命快速推进，以物联网为代表的信息技术迅速发展，产生了新的经济增长点，可视化、泛在化、智能化成为信息化朝高级阶段发展的主要特征，各国的竞争也日趋激烈。过往的历史经验证明，每一次经济危机后，都催生一次新技术革命。物联网生逢其时，以其高效、节能、安全和环保等优点，掀起了全球范围内信息革命的第三次浪潮，发达国家纷纷开始物联网领域的筹划布局，物联网的应用及推广势不可挡。从国家层面看，我国的社会和经济发展状况已迈入小康社会阶段，处于中等收入发展中国家水平。国家的外向型经济高速发展，2016年全球货物贸易进出口总值306000亿美元，中国进出口总值29700亿美元，占世界第二位。社会和经济发展为物联网发展提供了雄厚的经济实力，快速增长的进出口量也呼唤着借助物联网技术进一步提高通关效率、降低通关成本。在国家高度重视下，我国物联网的技术研发起步较早，无线通信网络和有线宽带覆盖提供了有力的基础设施持，物联网产业链的雏形也已基本形成，这些有利因素都为我国物联网的大规模应用提供了良好的环境；《国家十二五发展规划》和《2016年政府工作报告》中，明确列出"推动信息化和工业化深度融合，推进经济社会各领域信息化"的发展目标，把加快信息化发展作为转变经济发展方式的主要路径和加强国家竞争力的战略重点，且都把物联网作为国家重点扶持和发展的研究应用领域，物联网发展拥有着强劲的政策发展基础和持久的推动力。

胡锦涛在中国科学院的院士大会上发表的讲话中说道："充分发挥科学技术在加快转变经济发展方式、推动经济社会又好又快发展中的重要作用，大力发展信息网络科学技术。"要抓住新一代信息网络技术发展的机遇，创新信息产业技术，以信息化带动工业化，发展和普及互联网技术，加快发展物联网技术，重视网络计算和信息存储技术开发，加快相关基础设施建设，积极研发和建设新一代互联网，改变我国信息资源行业分隔、核心技术受制于人的局面，促进信息共享，保障信息安全。

要积极发展智能宽带无线网络、先进传感和显示、先进可靠软件技术，建设由传感网络、通信设施、网络超算、智能软件构成的智能基础设施，按照可靠、低成本信息化的要求，构建泛在的信息网络体系，使基于数据和知识的产业成为重新兴支柱产业，推进国民经济和社会信息化。可以说，物联网的发展应用是大势所趋，它将进一步提升我国的知识创新能力，优化经济发展结构，转变经济发展方式，提升综合国力，促进经济社会可持续发展，是我国跨越"数字鸿沟"迎头赶上发达国家信息化水平的一次不可错失的机遇与挑战。

(二) 全国海关信息化建设与发展的关键任务

海关信息化"十二五"发展规划中明确指出"十二五"时期是全面建设适应科学发展要求的现代化海关的关键时期，是推进海关大监管体系建设、优化海关监管与服务的攻坚时期。进一步提高海关信息化水平，充分发挥信息化在海关现代化建设中的创新性、基础性、先导性作用，是海关推动业务、管理改革创新，不断提升把关和服务能力的必然选择。海关信息系统作为国家重要信息系统之一，不断面临新的挑战。在履行传统职能方面，信息化与海关业务、管理深度融合。至"十一五"末期，信息化覆盖海关业务、管理工作的方方面面。

海关关员使用信息系统每天处理各类单证50余万份、每天征收关税及进口环节税达70多个亿。而"十二五"时期国家宏观经济决策对海关统计分析的广度、深度和时效性提出了更高要求，海关业务改革与发展的需求不断深化，通关监管压力进一步加大，反走私斗争形势依然严峻，企业改善通关环境、降低贸易成本的要求更加迫切。在履行非传统职能方面，随着我国参与全球区域经济合作和双边经济合作更加广泛和深入，海关在维护贸易安全与便利、保护知识产权、参与反恐和防止核扩散等方面任务不断加重。与此同时，信息技术的发展日新月异，海关信息化建设优化整合的需求不断加强，网络信息安全和保密面临的形势依然严峻。

(三) 基层海关优化监管和服务的必然选择

以南京海关关区管辖的江苏省为例，江苏省是我国微电子产业的重要基地，也是国内物联网研究较先进和产业起步较早的地区。温家宝在视察无锡传感网工程技术研发中心时指出：在国家重大科技专项中，加速推进传感网发展，尽快建立中国的传感信息中心，或者称"感知中国"中心。苏州、张家港等地也相继开展了物联网技术的日常应用。国家领导的高度重视、地方政府的积极推动和企业的迫切需求使物联网作为朝阳产业焕发出勃勃生机，为南京关区利用物联网技术创造了良好的外部环境。

南京海关是一个辖区拥有开放口岸众多，海、陆、空、邮进出境监管业务门类齐全，税收、监管等主要业务指标稳居全国海关前列，内陆和口岸特色兼具的综合性业务大关。关区机构多、分布散，人员相对少。除总关外，各省辖市及发达地区部分县级市均设有海关，设关密度仅次于广东。近年来，江苏省内各类口岸、码头、场所、特殊监管区域等监管场所已380多个，呈现出"点多、线长、面广"的特点。海关作业现场不断延伸，其中部分监管场所布局分散、功能重叠，给海关监管和人员配置带来了沉重的负担，也增加了海关行政管理、后勤保障的成本。

据统计，南京关区监管货运量增加351％，征收税款增加407％，结关报关单总数增加1061.8％，海关工作人员仅增长41％，人员增长严重滞后于海关业务发展。以2011年业务数据为例，关区监管的进出口总值约为3374亿美元，是1998年131亿美元的26倍，而2011年底关区共有3109名关警员，仅是1998年底1860名的1.67倍。人力资源短缺导致基层关员的工作强度不断加大，部分苏南海关尤其严重。如昆山海关，目前人均每月接单超过1.2万票，核发、变更手册近4000次，查验货物约800多票。人力资源的短缺，严重影响了海关通关监管效率的提高，难以满足地方外向型经济发展的要求；降低了监管质量，增加了执法风险和廉政风险。

随着我国外向型经济的快速发展，业务量快速增长与人力资源相对缺乏的矛盾已成为制约南京关区发展的核心问题，迫切需要通过优化业务改革、建立科技应用与人力资源配置的相互促进机制，以进一步优化海关监管和服务，切实防范执法风险、管理风险和廉政风险。因此，物联网技术的应用成为南京海关等基层海关优化监管与服务能力的必然选择，将其与海关的监管业务相结合，利用物联网技术网络化、精细化和智能化的工作特性，在物流监控系统中积极探索电子车牌和电子关锁等应用，才能有效地创新监管模式，改进业务流程，促进基层海关的改革与发展。

二、应用的可行性分析

（一）基于海关管理和机构特点的应用可能

1.海关管理的特点

《海关法》第二条明确规定："中华人民共和国海关是国家的进出关境监督管理机关，海关依照本法和其他有关法律、行政法规，监管进出境的运输、工具、货物、行李物品、邮递物品和其他物品，征收关税和其他税、费，查缉走私，并编制海关统计和办理其他海关业务。"海关法明确了海关的工作职能和任务，决定了海关管理的如下特点，给予了物联网技术的应用可能性。海关的管理包含依法行政和内部管理两大方面：一方面，依法行政是海关工作的基本准则，是把关和服务的辩证统一。海关作为国家进出境监督管理机关，既要守好国门，保证通关监管的有效性，维护国家主权和利益；又要做好服务，为贸易提供便利，通过规范进出口经济秩序，提高通关效率和贸易效率，推动经济社会又好又快发展。海关监督管理的实施对象是所有进出关境的运输工具、货物和各类物品，本质上就是对"物"的监管，而物联网通过终端的传感器，恰恰可以准确快捷地提供"物"的属性信息、位置信息和环境信息，再通过宽带网络传输和智能计算技术进行汇总处理，以可视化的直观方式进行展示，大大提高实监管效能和通关速度；另一方面，内部管理是海关工作的基本保证，是依法行政的前提条件。从管理体制看，海关工作的特殊性决定其管理体制的独特性，海关代表国家的主权和利益，承担着为国把关的神圣使命，其管理体制的特点就是垂直领导体制。从管理内容上看，海关工作包括业务管理、政务管理和事务管理，又可以细分为人事管理、财务管理、后勤保障管理、科技管理等各方面。物联网技术可以在指挥监控、固定资产、车辆监控、大楼安防、智能终端等方面发挥作用，提升内部管理的有效性。

2.海关组织机构的特性

根据国家改革开放的形势以及经济发展战略的需要，国务院依照相关的海关法律法规设立了海关机构。《海关法》以法律形式确立了海关的设关原则："国家在对外开放的口岸和海关监管业务集中的地点设立海关。海关的隶属关系，不受行政区划的限制。"全国海关设置为海关总署、直属海关和隶属海关三级机构。隶属海关由直属海关领导，向直属海关负责；直属海关由海关总署领导，向海关总署负责。海关总署是国务院领导下的直属机构，统一管理全国海关机构、人员编制、经费物资和各项海关业务，为海关系统的最高领导部门。基本任务是在国务院领导下，管理和组织全国海关单位正确贯彻执行《海关法》和国家的相关政策、行政法规，积极发挥依法行政、把关服务的职能，促进经济发展、保护社会主义现代化建设；直属海关是由海关总署直接领导的，负责管辖一定区域范围内海关业务的海关。独立的对本关区内的海关事务行使职权，向海关总署负责。直属海关承担着在关区内组织开展海关各项业务和关区集中审单作业，全面有效地落实海关各项政策、法律法规、管理制度和作业规范的重要职责，在海关的三级业务管理中起着承上启下的作用；隶属海关是由直属海关领导的，负责处理具体海关业务的海关，是海关进出关境监督管理职能的基本执行单位，大多都设在口岸和海关业务集中的地点。改革开放以来，我国对外经济贸易迅猛发展，科技文化交流与合作不断扩大，促使海关机构规模迅速扩张，机构的设立范围从沿海沿边口岸扩张到内陆和沿江、沿边海关业务集中的地点，且形成了统一垂直的领导管理体制。这种体制顺应了国家经济发展和社会主义现代化建设的需要，也适应了海关自身建设与发展的需要，有力地确保了海关各项监督管理职能的贯彻落实。同时，这种集中统一垂直领导的体制特性，也为物联网技术在全国范围、不同层级海关有效、大规模的应用推广提供了有效的政策与管理方面的支持。

(二)海关信息化建设背景下的应用基础

1. 金关等重要信息系统建设的经验

国务院提出建设金关工程，将海关传统的报关方式替换为电子化的报关业务，达到节省单据传送时间和降低成本的目的。2016 年，金关工程建设正式启动。金关工程有两大核心系统：一是海关内部的通关作业系统，二是海关外部的口岸电子执法系统。在海关内部的联通基础上，由海关总署等12 个部委联合建立电子口岸中心暨"口岸电子执法系统"，利用现代信息技术和已有的国家电信网络，将海关、外经贸、工商、税务、外汇、交通运输等部门分别掌握的进出口业务信息流、资金流、货物流账目的电子数据，集合储存在同一个公共数据中心，使各行政管理机关能够进行跨部门和行业的联网数据核查，使企业能够网络化办理报关、转关运输、出口退税、进出口结售汇核销等多种进出口手续。历经 10 年左右的金关工程的一期工程建设，依照 EDI 格式变革了外贸业务及其流程，实现了外贸业务的 EDI 标准化，完成了金关工程网络控制中心、EDI 增值业务信息交换服务中心和分中心，将各部门网络互联互通。

海关总署逐渐将电子口岸中心建造成面向公众服务的独立运营机构的同时，还建立起以"三网一库"为基本架构的海关系统政务信息化运作框架：实现全国各海关与全国政府建使系统办公业务资源网的互联，将海关系统政务信息网与互联网络的物理隔离，成各海关单位内部的政务信息网和以互联网络为基础的中国海关公众信息网，得各级海关单位能共建共享电子信息资源库。并且以信息化为核心，研发用了一系列如 H883 报关自动化、H2000 通关管理、加工贸易联网监管等信息系统，有效地变革了海关的管理理念和制度，推动了业务改革更加的信息化和现代化，更积累了不少先进技术应用推广的经验。

2. "十一五"时期积累的信息化发展基础

"十一五"时期是海关信息化发展取得跨越式发展的重要时期。海关制定并实施了《海关信息化建设指导方案》，信息化与海关业务、管理深度融合。"十一五"末期，信息化已经覆盖了海关业务、管理工作的方方面面。海关关员使用信息系统每天处理各类单证 50 余万份、每天征收关税及进口环节税达 70 多个亿。

H2000 通关系统成为海关重要生产力，与海关关员组成了海关工作的生产线和生命线；报关单日报系统为国家宏观调控及企业经营决策提供快速、准确的信息服务，得到温家宝的充分肯定；廉政风险预警处置系统使得执法统一性得到监督，被列为国家级预防腐败试点项目；分类通关系统使得通关效率显著提高，有效降低了企业的通关成本；风险管理平台使得海关以风险管理为中心的理念得到落实，有效防范两个风险；海关对外联网应用项目不断增加，有效提升了口岸管理部门的联合执法和综合监管能力，加强了国家对进出口活动的监督管理和宏观调控。

信息化基础设施建设有显著进展。全国海关完成了网络安全扩容改造工程，骨干网带宽总和由 315M 提高到 659M，骨干网全部实现双线备份，全国 966 个现场全部实现了网络联通，网络传输性能和可靠性不断提升；实施"虚拟化""一机两网"等工程，信息化基础资源得到优化整合；海关信息系统异地双运行容灾备份机制逐步完善，业务连续性水平不断提高；建立起覆盖全国海关的高清电视电话会议系统。

信息安全运维体系逐步完善。信息安全等级保护、分级保护工作深入推进，信息系统的安全性、可用性、可靠性显著增强；全国海关实施"一盘棋"的运维管理模式，建成了总署、直属海关两级运维体系；开发了海关信息系统安全运行管理平台，运维服务信息化、自动化、智能化步伐加快；完成了业务运行骨干网可用性99.98%，H2000核心系统可用性99.9%的目标；采用应急管理、封网、集中监控等手段，圆满完成抗震救灾、北京奥运、上海世博、广州亚运等重大敏感时期的专项保障工作。海关的信息化建设起步早发展快。

在国家和海关总署领导的高度重视和大力支持下，以"科技强关"为战略，已逐渐建立起以信息技术为核心、覆盖全国海关所有业务环节、将数据采集、传输、加工与分析集成一体的国家级重要信息系统，形成了"电子海关""电子口岸"和"电子总"全方位应用布局，各项管理工作基本实现了全国一致的作业模式、作业流程和作业规范，而这些都是物联网此类新兴技术得以应用推广必不可少的坚实基础。

(三) 海关现代化发展规划给予的应用契机

基于进一步适应新的国家发展形势、推进现代海关第二步发展战略、构建海关大监管体系等方面的要求，2009年海关总署启动了现代海关综合管理系统(H2010工程)建设，2016年初海关总署又启动了海关金关工程(二期)立项申请工作。截至"十一五"末期，H2010工程已经完成工程总体设计，进入工程全面应用实施阶段。而作为海关在"十二五"时期的重大信息化专项工程，金关工程二期项目也已通过国家立项，进入设计和开发阶段。海关金关工程二期项目将在一期项目的建设基础上，通过顶层设计和技术创新，利用物联网、云计算等新技术，着力建设全国海关监控指挥系统、海关物流监控系统、加工和保税监管系统、进出口企业诚信管理系统等应用系统，最终建成集多项功能为一体的系统：能够监督进出口环节的企业诚信、辅助海关服务进出口企业并优化口岸管理、方便口岸各理部门协作共建、信息共享；实现对货物进出口的全过程可视化监控，对监控信息实时分析、风险判别、迅速反应和应急处置，全面发挥海关在国家快速发展中的国门守卫作用。金关工程二期项目的建设，将推动进出口企业信用评价体系及口岸分类通关管理机制形成，推动口岸各部门的信息共享，提高核查企业进出口申报真实性的准确度，改善进出口贸易秩序，有效推进加工贸易转型升级，优化保税货物备案、通关和核销流程，与国际接轨实现无纸化通关模式，显著提高口岸通关效率并降低贸易成本，进一步改善海关监管质量、提高服务水平。研发背负着大监管体系战略构想的新一代信息系统，标志着海关的信息化建设已步入顶层设计、优化整合的新阶段，海关信息化迎来前所未有的发展机遇，更为物联网等新兴技术的应用提供了契机。

三、应用的效益性分析

概括来说，利用物联网感知、互联和智能化的技术特征，能使海关实现自动识别、定位、跟踪、监控和管理，显著提高海关的管理水平，并跨越式的发展成为现代化的"智慧型海关"，即指充分利用海关物联网、传感网、云计算、数据挖掘、决策分析支持等技术手段进行全面感知、广泛连接、深度计算通关数据等关键信息，使得物与物、物与人、人与人，以及海关的各种资源更全面的互联互通，具备现代化、网络化、信息化、智能化特征的现代海关。具体来说，物联网技术的应用能在如下三方面带来显著效益：

（一）提高通关效率，节省人力物力

中国改革开放以来，随着国家对外经济贸易和科技文化交往的迅速发展，海关的业务量逐年激增，2015年起全国海关年度税收就突破了10000亿元人民币，从2010年至2015年的"十二五"期间海关的总税收约44100亿元，是"十五"期间18800亿元的2.35倍，平均每年增长比例约为180%。全国海关目前共有46个直属海关，612个隶属海关和办事处，近4000个通关监管点，现有关员约5万人近年来，各直属海关关区主要业务指标每年以100%的速度增长，原有的业务模式和人力资源供给已难以为继。借助物联网RFID标签和宽带网络，通关货物的属性信息（含HS编码、国别、生产商、原产地等）、位置信息等将被实时监控，能实现海关监管全过程的信息化、可视化和智能化。同时结合分类通关业务改革，通关环节基本可实现全流程电子作业以及无纸化通关，将有限的人力资源分配"前推后移"，提高海关监管整体效能。

(二) 变革监管流程，提升监管质量

全国海关的进出口报关单量已达到 5722.7 万张，进出口货物 294594.5 万吨，迫切需要从业务流程上解决人力物力不足的矛盾。而推广物联网技术，能改变现有的业务模式，重塑相应的海关监管业务流程，通关环节无须人工对"物"进行直接录入、核对及判别，变革为利用 RFID 标签对运输工具、货物和物品实施"身份证"式的管理，由系统电子化自动核对"身份证"和报关单证，提高了通关效率。海关能够投入更多的人力对风险性大的业务着重监管查验，实现精细化管理，有效提升海关监管的质量。物联网技术还能实现全过程、全方位的物流监控智能化把海关对运输工具、货物和物品的掌控全部纳入信息化系统，通过系统规范执法的统一性，最大限度地降低"体制内、系统外"风险，限制海关工作人员自由裁量的权限。移动视频采集设备引入也可以让稽查、缉私和查验等外勤作业保存历史记录，纳入内控监督环节，降低读职侵权风险。

(三) 推动并支持监管模式创新

目前，海关正在实施现代海关制度第二步发展战略，正在建设以"现代海关综合管理系统"即 H2010 工程为标志的海关大监管体系。物联网技术的应用推广，能够推动无纸化通关，实现特殊监管区域等保税监管的电子化，通过物联网技术应用，采集监管的相关基础数据，结合云计算、大数据等技术开展数据挖掘，在实现全过程监管的同时，能够有效推动海关的监管模式的各项创新，如企业分类通关改革、差别化海关作业制度、集约化接单管理、单证企业暂存试点等。数据是基础、数据是核心。只有掌握了准确、实时的数据，才能摸清家底、有效分析，进而实施创新，在这方面物联网技术的作用不可忽视。

第三节 银行物联网应用研究

一、银行物联网应用发展

近年来，银行业逐渐开始研究物联网技术并进行应用，目前主要集中运用于银行金融资产管理、客户与档案管理等业务中，部分银行的物联网应用项目趋于成熟。在银行金融资产管理应用中，江苏省江阴市将射频识别技术应用到金融资产押运之中。该系统囊括了金融资产押运的全部流程和事项，如任务调配、款箱交接、设备登记、报警处理等多个模块，对于押运流程中涉及的物品（如车辆、枪支、款箱等）和参与流程的押运人员等，均可通过物联网技术进行电子化和智能化的管理，押运全部流程实时进行监控、并且可以在发生突发状况时进行快速的反应和处理。无锡部分银行开始安装款箱跟踪系统，该系统采用物联网技术，实现了款箱精细化管理和流程追溯控制，银行可以实时监控款箱状态。此外，山东省尝试的物流金融卡也是物联网应用的具体体现。该卡是山东省物流与交通运输协会与当地银行进行合作，将物流服务和金融服务等功能集于一张多功能复合卡，持有该卡的人员可享加油、保险、通行等多方面的优惠和便利。

二、银行物联网应用研究

(一) 现金业务

现金管理是银行管理行为的重中之重，物联网技术的应用有助于银行在实时监管、应急处理、管理决策三方面提高现金管理质量。首先，物联网的应用提高了银行对于现金的运输和安防等事项的管理，如通过物联网应用可以直接定位钞箱、运款车等移动性较强的设备和工具，实现管理人员实时查询和跟踪管理，对于现金流转的各个环节进行监控和维护。其次，在遇到突发状况时，物联网应用可以迅速启动应急预案，包括实时通知安全防卫和监管人员，以及进行录音录像的征集采集工作和通过发出警讯等声音震慑不法分子。最后，物联网技术的应用可以汇集众多终端信息，进行智能化的分析评价并输出信息，为管理决策提供依据。

(二) 信贷业务

物联网的应用会促进银行信贷工作质量的提高。首先，在贷前调查方面，银行可以通过物联网智能终端直接进入企业的管理系统，查询企业经营信息，做出贷前评价，节省了企业整理和报送材料的时间。其次，物联网可以加快审批速度，部分非主观判断指标可以直接由相关应用来判断，且掌握企业信息的时间也会缩短，这样可以节约银行的人力成本，减少所耗时间。再次，物联网应用会提高抵押物的识别和管理效率。如对于信贷审批人员来说，往往无法长期实地关注检验抵押物的情况，而物联网中的电子感应器与抵押物直接关联，可以实时对于抵押物进行识别和检验。信贷合同期间当抵押物发生异况时，管理人员也可以通过感应器及时掌握情况，提高管理效率。最后，物联网应用可以提高贷后管理质量。物联网应用的监督功能，使银行在贷后管理中实时监控企业的经营状况，如现金流和支付结算等情况，有助于及时发现问题和采取措施。

(三) 支付业务

银行支付业务是物联网技术在我国金融行业应用的热点领域。但是，目前用于移动支付的物联网技术目前还仅是实施辅助功能，支付往往还是消费者通过主动行为，如前往柜台使用刷卡机刷卡来实现移动支付的目的，因此从支付的便利程度上讲，物联网技术的应用还有待提高。未来更加便利的银行移动支付手段，应是在支付授权的基础上，实现自主支付。比如顾客购买货物时，无需人为排队结算，仅需在离开时确认账单，本人账户就可以直接进行付款交易。此外，消费者支付工具具有多样化的特征，消费者可以通过卡支付、移动支付或者第三方虚拟账户等完成支付行为。银行未来的发展趋势应该是对于各种支付工具的整合，由于手机是人们通讯的基础工具且兼有互联网功能，通过近距离无线通讯技术有可能有效实现移动支付、第三方支付以及无设备接触的卡支付三者的融合，所以未来的手机支付将可能成为最方便的支付工具，值得投入力量应用物联网技术加以发展，而银行卡、信用卡这些功能相对单一的工具可能面临着被淘汰的困境。

(四) 客户安全

物联网应用有助于提高银行对于客户安全的保障。比如在柜台和自助设备上设置识别装置，通过指纹、虹膜等生物识别技术进行身份验证，通过物联网相关技术进行客户识别，比现行的密码服务更加准确，保障程度更高，可以更好地实施客户关系管理，使银行的金融服务更加人性化、多元化和便捷化。

（五）服务一体化

物联网技术对于银行发展模式的冲击显而易见，随着 NFC 技术的推广和应用，金融服务的横向一体化与各类服务工具的纵向一体化趋势愈加明显。一方面，在统一支付工具方面集合各个金融机构的服务功能，比如手机上集成客户在各个银行办理的银行卡和信用卡等信息，在各个金融网点和自助设备均可仅用手机就能够进行金融业务的办理，大大提高了银行服务效率。另一方面，在同一工具上集合金融服务、生活服务等多种服务功能，将会给予客户最大化的便民服务体验。如客户只需一部手机，即可享受银行卡、信用卡、门禁、餐卡、交通卡等多项服务，这会使客户真切享受到物联网带来了便利。

三、银行物联网应用的优劣势分析

（一）优势分析

1. 生活模式改变

2014 年《中国互联网络发展状况统计报告》显示，截至 2013 年末，中国网民数量达到 6.18 亿，互联网普及率为 45.8%，手机网民达到 5 亿，使用手机上网的人群占比提升至 81%。可以说，当前社会全阶层大众的生活模式已经发生了显著的变化，网民数量的提升也使物联网应用成为社会进步发展和人民生产生活的需要，银行业以物联网应用为指引调整自身发展方向已是势在必行。

2. 国家政策支撑

2012 年 7 月国务院印发《"十二五"国家战略性新兴产业发展规划》，提出加快下一代信息网络、无线通信、物联网、云计算等信息技术发展，推动信息产业实现由大到强的转变。2015 年 2 月国务院关于《推进物联网有序健康发展的指导意见》正式出台，提出到 2020 年要实现物联网在经济社会重要领域的规模示范应用，初步形成物联网产业体。可以说，国家政策的支撑已给发展物联网应用提供了良好的平台，有利于银行发展以物联网应用为基础的金融服务。

3.业务发展诉求

物联网技术的发展推动了银行业务和技术的进步。目前银行运用的很多技术还存在局限性，如在安全防范管理中，难以做到对自助银行设备的智能警示，如对自助设备附有非法装置时进行及时报警等。物联网技术可以广泛应用于银行的多项业务中，如银行现金款箱的押运、储存、开启等行为需要全程监控管理，物联网的应用可以使高科技安防手段得以实现。在信贷业务中，物联网技术的应用使得远程信贷管理更加方便，加快审批速度，贷后管理效率，有效检测抵押物状态，监督企业贷后管理。可以说，物联网技术的应用将全面提高银行金融服务的效率。

（二）劣势分析

1.技术发展困难

首先，大数据是物联网应用的必备环节，但是大数据储存成本过高，而且存储技术发展带来存储成本下降的速度远赶不上数据存储增长的速度。其次，快速检索、信息提取自动化程度较低，智能化程度较低。再次，从大数据中进行数据挖掘的应用还比较困难，导致大数据中的规律和知识无法被充分利用。最后，物联网上尚属新兴事物，在技术不成熟的情况下大规模应用，存在被不法分子利用技术优势非法获取信息的风险。

2.非银行机构的竞争

物联网的理念带来了交叉行业的竞争，目前大量非金融机构介入金融服务业务，利用其相应优势在物联网发展大潮中占据一席之地。如在移动支付中，移动、电信、联通等运营商参与程度非常高，其技术优势和垄断性服务彰显强大的竞争力。与银行相比，其他机构各有优势，如何应对非银行机构的竞争，充分利用自身优势也成为银行业发展物联网金融的主要课题。

3.人员资金投入压力

物联网应用与银行业务和服务的对接，对于银行人员研发调配、资金投入的要求较大。物联网技术研究，设备采购、业务对接等多方面均需要专业人员和对应资金支持，而投入之后所带来的收益可能无法在短时间内获得。

第四节　畜牧业物联网技术应用研究进展

伴随信息技术的高速发展，物联网技术和产业异军突起，成为新一轮产业革命的重要发展方向和世界产业格局重构的重要推动力量。在这样的大背景下，党的十八大及时做出了"四化"同步发展的战略决策，把加快发展信息化提升到了前所未有的高度。党中央、国务院尤其重视物联网发展。习近平总书记强调，要让物联网更好促进生产、走进生活、造福百姓。李克强总理指出，要大力发展战略性新兴产业，在集成电路、物联网、新一代移动通信、大数据等方面赶上和引领世界产业发展。近年来，国务院出台了一系列强有力的政策措施，推动物联网有序健康发展，并取得了显著成绩，包括国家发改委、科技部、农业部等在内的各个部委及省市纷纷启动物联网项目的研究与实施，这些都为农业物联网的发展提供了难得的历史机遇和良好的发展环境。畜牧业是整个农业生产中规模化程度最高，技术、设备与资金投入相对集中的领域之一。

在一批致力于畜牧业物联网技术基础研究的科研院所、创新型研发企业的推动下，中国畜牧业物联网技术的理论研究与应用实践取得了初步的进展：从家畜个体的编码与标识、生产过程的数据采集与传输，家畜个体的精细饲养控制，到畜产品全程质量安全溯源等环节，制定了相应的标准与规范，获得了相应技术产品与网络控制智能平台，并且这些技术在具有一定信息化基础的生产企业得到了示范应用，初步展示了物联网技术逐步成为提高生产力的主要要素，正在改变人们对农业信息技术应用效果的片面认识。总之，畜牧业物联网技术应用对畜牧产业的转型升级带来了新的动力。

一、畜牧业物联网研究进展

（一）家畜编码标准与标识技术研究

1. 国际上家畜标识标准的制定现状

制定不同家畜的个体或小群体的编码标准是畜牧业信息化，尤其是物联网技术应用的基础，是实施基于家畜个体及小群体精细化饲喂与数字化管理的前提，更是建立畜产品质量全程监管的技术要素。在国际上，国际标准化组织（ISO）发布有动物管理系列标准即 ISO/TC23/SC19，它负责制订动物管理 RFID 方面标准，主要包括 ISO11784、ISO11785 和 ISO14223 三个标准。ISO11784 技术标准规定了动物射频识别码为 64 位编码结构，且动物射频识别码在读写器与电子标签之间能够互相识别。代码结构为 64 位，其中的 27～64 位可由各个国家自行定义。ISO11785 技术准则规定了应答器的数据传输方法和阅读器规范。工作频率为 134.2kHz，属于低频 RFID。

ISO14223 高级标签规定了动物射频识别的转发器和高级应答机的空间接口标准，可以让动物数据直接存储在标记上，使得每只动物的数据在离线状态下也可直接取得，进而改善库存追踪以及提升全球的进出口控制能力。通过使用符合 ISO14223 标准的读取设备，可以自动识别家畜，且读取设备具有防碰撞和抗干扰特性，即使家畜数量极为庞大，识别也没有问题。ISO14223 标准包含空中接口、编码和命令结构、应用三个部分，它是 ISO11784/11785 的扩展版本，但标准的实施成本较高。动物电子标识编码及技术准则标准目前主要在北美、西欧等畜牧业发达的国家及地区应用，例如，在美国采用的编码均为 15 位编码，且前 3 位开头为"840"代表美国，符合 ISO3166 规范。

e 耳标是一种电子标签与一般肉眼识读的复合标签，去掉上端的电子标签部分就是广泛使用的肉眼识读耳标了，这种条码耳标尽管没有国际标准，但生产企业有内部标准或规范，主要由美国安乐福（All flex）公司生产，并取得美国农业部的许可。由于电子标识技术的应用成本较高，目前世界上主要用于自动饲喂的家畜，如奶牛、种猪等经济价值高的种畜，而大量散养的家畜如肉牛、羊等仍然大量采用肉眼可识读的条码耳标。在欧盟，对家畜的标识尽管有统一的标识规范，甚至包括了对转基因动物的标识，但各成员国是否采用标识无硬性规定。法国作为畜牧业发达的国家，对大家畜的标识采用符合国际动物编码委员会的编码规则。例如，对猪只个体编码采用养殖场的官方编码加上家畜个体在场内按年份赋予的顺序号，由于养殖场的官方编码长度不等，因此构成个体的唯一编码，从 13 位到 17 位不等。在荷兰，因为年饲喂的猪只较少，则采用内部统一 7 位编码，非常实用、有效。

2. 国内家畜标识标准的制定现状

自 2006 年以来，农业部兽医局实施了"动物标识及疫病可追溯体系建设"试点工作，同时中国农业部早前发布的 67 号令对家畜编码规则进行了定义：猪、牛、羊编码采用 15 位数字，第 1 位代表动物的种类：1 为猪，2 为牛，3 为羊，对家禽尚未定义；从第 2 位到第 7 位共 6 位定义为养殖场所在地的县市行政区划代码，服从 GBT2260–1999，最后 8 位为指定的县市内、相同类别（猪、牛、羊）动物个体的顺序号。这种编码方法有其明显的局限性：首先，编码中不含养殖场的编码，养殖场对所饲养的家畜没有编码权，统一由省级畜牧兽医管理部门对同一县市的家畜个体进行事先编码。这种编码方法事实上是先有编码与标识载体，只有养殖场在领取标识载体并配带后，才能登记上个体标识号，使得在不同时期内同一养殖场领取的耳标，编号可能是不连续的，导致批量录入猪只信息时操作不便。其次，编码的规则决定了编码自身不含家畜的来源信息，因此只有将所佩戴的家畜编码信息通过网络上传到中央数据库后，将家畜编码与畜牧主管部门的耳标发放管理数据库建立关联后，才能确定标识的个体来自哪家养殖场（户），耳标的可读性差，这对养殖责任主体的溯源带来不便。针对农业部推广条码耳标在编码上与实际操作上存在的局限性，国内几家高新技术企业，如上海生物电子标识公司和无锡富华科技责任有限公司率先开展了家畜电子标识的应用研究。

为解决 RFID 的成本较高，大量用于家畜标识带来的经济压力较大等实际问题，他们一直攻坚克难，突破 RFID 生产的关键技术瓶颈，终于可自主生产 RFID 芯片与标签，而且标签成本明显降低，仅为过去进口产品的 1/3 左右。目前，两家企业均获得了 ICAR 的认证和由 ICAR 赋予的企业编码。他们生产的标签编码的前 6 位在国际上是唯一的，生产的 RFID 标签及其阅读器大量远销东欧、西欧及东南亚国家，打破了进口标签价格居高不下的格局随着 RFID 标识技术的逐渐成熟，市场内在需求的不断涌动，有些省市适时制定了相关的 RFID 技术规范。例如，上海市早在 2015 年就发布了《动物电子标识通用技术规范》。该地方标准中采纳了 RFID 相关国际标准，并结合 ISO11784 中的国家或区域编码，提出了符合地方的编码体系。新疆维吾尔自治区于 2014 年也发布了《动物电子标识（射频识别 RFID）通用技术规范》。

该标准主要就低频（134.2 ± 6.71KHz）RFID标识的物理特性与环境适应性进行了规定，尤其是将中国的行政区划代码和动物的64位二进制编码相结合进行了实例化。在企业内部标识的解决方案方面，国内北大荒牛业有限公司及阳信亿利源清真肉类有限公司在构建企业肉牛及牛肉产品的安全溯源体系中，以农业部67号令为基础，提出了标识肉牛活体的企业编码规则，即对67号令的15位编码中的后8位进行了重新定义，后8位的前2位为养殖企业编码，紧邻的2位为4位年份的后2位，最后4位为年内出生或者购入的肉牛顺序编号。对肉牛个体编码规则的修改，使养殖企业对动物个体具有自行编码权，无需去申请，对责任主体的追究便利，实际使用效果较好。在中国台湾省，开发家畜电子耳标的企业是台湾丰田生技资讯股份有限公司，其依照RFID的ISO标准研发产品，规定的15位编码首先符合ISO11784规范，但RFID标签封装的规格与式样因标识猪舍及猪个体的不同而有明显的区别，识读器为手柄式阅读器，主要用于生猪的全程生产及质量溯源体系的构建。

（二）家畜养殖物联网数据采集与传输

上节综述了国内外家畜个体的编码与标识技术，它们是构建畜牧业物联网的基础。有了标识，才能采集标识对象的数据，并需要在合理的时空条件下，将采集的数据有效的传输到指定的存贮介质或数据库中。畜牧业物联网系统的构建不仅需要采集家畜个体的行为数据，更需要采集养殖的环境数据，由此构成了畜牧业物联网的两大类基础数据。

1.家畜个体的数据采集与传输方案

典型的有农业部采用的家畜个体数据采集方案。该方案通过在指定生产的识读器中嵌入数据采集的模块及通信SIM卡，实现了家畜个体耳标的识别、数据采集与数据传输的一体化。在识读器识别家畜耳标后，手工录入必要的数据，该数据将缓存于识读器中，或者通过无线GPRS通信技术上传至远程数据服务器中分类保存。指定的识读器分别由北京平冶东方科技发展有限公司和福建新大陆科技集团公司生产，前者基于Windows Mobile平台开发，后者采用Linux系统开发5所示均为智能识读器，具有对耳标的识别、数据采集、贮存与数据传输的功能。当有 GPRS 无线信号时，采集的数据可直接上传到农业部动物疫病溯源数据库中。否则，将采集的数据暂存于 IC 卡中，有 GPRS 信号时，再完成数据的上传。这种数据采集与传输的初衷很好，但应用效果不佳，主要表现为嵌入式数据采集系统的启动与身份验证时间长，在有些偏远的养殖区域传输速率慢，信号盲区多，即使采用具有 3G/4G 的无线公用网络，如此频繁地采集与传输数据，也会遇到速率瓶颈问题和通讯资费较高的问题。当然，随着国家公网覆盖范围的不断扩大，通信资费的不断下降，数据采集系统的有效优化，上述通信速率及资源问题会逐步得到缓解甚至不成问题。

2. 家畜养殖环境数据采集与传输方案

家畜的养殖环境（温湿度、关照强度、空气质量等）及体征行为是连续变化的。为营造养殖动物的舒适环境，满足动物的福利、动物的生理及生产需求，需要动态监测养殖区域（圈、栏）的环境参数，为畜禽的精准化饲喂和环境动态控制提供参数。为此，国内外有关单位在传统的环境控制的基础上，将传感器技术与移动通讯技术融合起来，获得了基于物联网技术的环境数据采集与控制方案。在科研方面，中国农业科学院北京畜牧兽医研究所联合无锡富华科技责任有限公司，研究开发了家畜养殖环境监控物联网，主要利用环境感知传感器，如温湿度传感器、光照度传感器、CO_2 传感器等，对连续变化的环境参数进行远程监测，监测的数据首先通过 2G 或 3GSIM 卡传输到数据服务器中贮存，借助手机客户端 APK 文件，可在线查看连续变化的环境参数变化曲线，并依据监测的数据及预设的环境参数阈值，提醒用户调控相应的控制设备，如水帘、电暖、风机的开启与关闭等。

特别地，对现场设备实现远程控制，需要事先对现场设备的控制开关进行集成，并追加可接受信息的通信端口。在企业内部解决方案方面，作为中国最大的家畜养殖企业——温氏集团，率先开展了企业畜牧业物联网的应用研究，构建了畜牧养殖生产的监控中心、家畜养殖环境监测物联网系统、家畜体征与行为监测传感网系统等。该系统主要采用物联网技术及视频编码压缩技术，将企业所属各地养殖户及加工厂的重要位点部署视频实时监控，自动感知与收集主要位点的传感器检测数据，如温度、湿度、空气质量、水质、冷库温度等，并在指挥中心的大屏幕上集中显示，管理者通过点击鼠标，或查看历史数据、统计报表及视频等，可获得相应养殖户或工厂的各项实时数据，快速地提供与当前关注问题有关的重要信息，由此进行可视化的日常管理、巡查及应急指挥。该企业将大数据理念应用于物联网系统，建立了不同类型数据之间的关联，寻求数据或信息之间的规律。前已述及，家畜环境监测物联网构建的核心不仅仅是实时获得环境监测的状态数据，更重要的通过对数据的分析，获得对环境控制设备的远程操作依据，从而形成物联网系统的闭环。

(三) 家畜物联网数据分析与精准饲喂

控制实施家畜的精细饲喂，必须是以家畜个体为单元，因此需要按个体采集数据，实现具有差异性的个性化饲喂，这一要求在母猪的饲喂与控制上取得了成功。此外，在家畜群体的数据采集与分析方面，种畜的生产过程数字化管理与数据集成分析拓展了物联网技术的应用空间。

1. 智能母猪电子饲喂站

母猪生产力水平代表了一个国家养猪业的科技含量，不仅影响商品猪饲养的成效，而且影响一个地区甚至一个国家的价格指数。近些年来，随着物联网核心技术的发展，国内外在电子母猪饲喂站的升级换代上取得了突破性进展，其目的是通过智能化的数字控制，满足母猪不同个体的生理变化及营养需求的动态变化，具有"私人定制"的特点，最终提高母猪的生产力水平。ESF 系统具有典型的物联网核心技术特征，包含感知、数据采集与传输及饲喂控制的三个层面，因此可称为母猪精准饲喂物联网系统。在国内，从事母猪 ESF 研究的企业主要有河南河顺自动化设备公司、河南南商农牧科技责任公司等。

他们在设备的研究与制造方面，实现了由先期的模仿阶段到目前的自主创新研制的转变，为中国母猪饲养物联网设备的国产化做出了贡献。最新一代的 ESF 即第 5 代妊娠母猪及哺乳母猪智能饲喂系统，主要由河南南商农牧科技责任公司与中国农业科学院北京畜牧兽医研究所联合研制，已经申报及获得发明专利及实用新型专利近 10 项，计算机软件登记 3 项。妊娠母猪电子饲喂站，该饲喂站进入门采用传感器与电动门及中央控制器协同工作的方式，提高了猪只有序进入饲喂器的效率；根据感知的猪只信息，通过上位计算机显示其历史档案，决定饲喂的频率与数量，实施具有阈值设定下的自动饲喂，实现了基于感知、数据分析及饲喂控制的闭环控制，基本达到了无人控制下按母猪个体体况的精细化饲喂。该饲喂站也通过采集母猪个体的体况数据（包括质量、哺乳胎次及抚养的仔猪头数），依据日粮养分需要量模型计算不同哺乳天数的采食量，并以此作为采食量的设定阈值，通过中央控制器或移动智能终端控制饲喂次数、投放时间点及每次饲喂量，实现基于物联网技术下的精细饲喂。如果中央控制器中嵌入 SIM 卡，将手机端 APK 文件与 SIM 卡关联，那么通过手机端可以实时查看每头母猪的实际采食数据，并对每头母猪的饲喂程序进行远程控制，实现了"手机养猪"。

2.种畜生产数字化监管与云分析计算平台

畜牧业生产中，种畜的生产过程极为复杂，尤其是在奶牛及种猪的生命周期中，不断发生生理与生产周期的变化。从发情、配种、孕检、妊娠到分娩、空怀或干奶或断奶，直到下一个繁殖周期或淘汰，不断地产生个体及群体的状态数据及周期性数据。因此为了保持种畜的有序生产，需要不断地记录和模型化分析繁殖性能、泌乳性能、断奶性能等参数的变化，及时优化繁殖、育种及营养调控方案。国际上，从 20 世纪 70 年代初就开始利用信息技术对种家畜场进行计算机管理，为基于物联网技术的云计算及大数据分析奠定了数据基础。在种猪生产的信息化方面，最具代表性的系统有新西兰开发的种猪场 pigwin 系统，西班牙农业技术软件公司开发的 porcitec 系列系统。

上述系统均配置有相应的软、硬件集成的数据采集器以及支撑硬件及系统运行的数据采集规范。比较而言，pigwin 系统的元数据规范更为完整，但 porcitec 系统的数据可视化分析与关联更为突出。在奶牛精准饲喂物联网系统的应用方面，涉及的业务逻辑、系统集成的元素与复杂性明显高于种猪饲喂物联网系统，主要体现在奶牛的发情监测、每天每次挤奶数据的自动采集与原奶品质数据的在线监测如何与云计算平台的融合上。在国际上，代表性的系统有阿菲牧管理软件系统。该系统较广泛应用在全球规模化的奶牛养殖企业，在中国也有较大的市场。其优势在于研发的系统与挤奶设备相结合，实现了阅读器、传感器及计量设备与数据的采集、传输及数据分析的高度集成，可将动物个体体况、乳品品质与产奶量，以及繁殖与营养状况之间的数据进行内在的关联，然后通过业务逻辑模型的嵌入数据的挖掘分析，提供各种智能提醒或生产性能分析报告，充分体现了物联网系统的闭环控制。

在国内，从20世纪90年代以来，相关软件企业及科研院所就一直研制种畜场计算机网络管理系统，并随信息技术的发展不断推陈出新。其中，中国农业科学院北京畜牧兽医研究所联合江苏省农业科学院、东北农业大学等结合物联网技术，充分将畜牧业的专业领域模型融合到种畜场的生产实际中，主要研制了种猪场及奶牛场的全程生产过程与数据分析网络平台，还专门针对山黑猪的繁殖与生产特点，开发了山黑猪繁殖数字化网络系统，取得了一系列的计算机软件版权登记。在2013版的管理软件分析系统中，特别增强了数据挖掘功能，通过数据的关联与业务知识模型的嵌入，从已知数据中挖派生出潜在的繁殖性能参数，并进行在线可视化分析，提升数据的利用价值。云计算平台的开发与应用初见成效。

针对特定养殖企业开发的应用系统，但从一个地区甚至国家层面开展种猪生产性能比较研究，则离不开云计算平台的应用。云计算平台的管理与分析对象不是一个种猪场，而是通过网络数据库群将数以百计或千计的种猪场的基础数据，采用一定的内部架构及数据规范进行物理的，或虚拟的集中式或分布式管理与分析，实现数据的云存贮与云计算。该项基础性工作已由中国农业科学院北京畜牧兽医研究所与北京伟嘉集团联合构建与应用实施，种猪场场际间的云计算平台的界面。系统研发的主要目的是通过网络集成数以百计或千计的种猪养殖企业的繁殖甚至育种数据，进行不同场际间各类种猪繁殖性能数据的分析比较，开展对不同区域母猪生产力水平的评估。显然，种畜场的业务数据计算平台的建设与维护是一个长期的、基础性的数据工程，面临的挑战则是日常性数据的变化频繁，数据类型繁杂，尤其数据采集的工作量大，对数据采集者的素质要求较高。

如果全依赖手工采集，会大大增加管理人员的负担，必须走自动数据采集与手工采集相结合的模式，并充分利用智能移动互联技术，一方面将现场部分数据通过智能移动终端采集后，直接通过Wi-Fi或无线公网上传到远程服务器中，解决那些需要现场采集的数据需求；另一方面，对于大量的、非现场采集的数据，要充分结合桌面计算机终端系统，批量处理需要录入的数据，多管齐下，提高数据采集的灵活性与效率，才能保证数据管理系统的高效运行。

二、畜牧业物联网技术研究存在的问题与展望

(一)畜牧业物联网技术研究存在的问题

尽管中国畜牧业物联网技术的研究顺应养殖模式的转型与政府监管的要求，从软、硬件的开发到解决方案的实施，形成了一批产品，获得了一批自主知识产权，得到了不同程度的应用，但从物联网系统的技术环节本身而言，中国畜牧业物联网技术的应用与产品的开发还处于初级研究阶段，主要体现在如下几方面。

(1)就家畜个体的编码标准或规则而言，农业部的67号令未与国际标准接轨，需要尽快重新修订。首先，就地方标准而言，尽管考虑了与国际标准的接轨及RFID技术的应用，但在编码上还存在局限性。因此，应从编码的前瞻性、国际性、唯一性、可读性及可扩展性等方面，做好中国家畜个体编码的顶层设计。其次，家禽编码规范一直未出台，但不能停滞不前。考虑到家禽养殖数量巨大、饲养周期短等特点，按个体编码与标识可操作性差，建议将养殖场代码与生产批次结合起来进行编码，由此推动家禽的标识与产品的溯源。在家畜生产过程数据采集的标准上，目前还是各行其是，处于无约束状态，不同系统采集的基础数据的内涵、单位及数据类型不完全一致，数据的整合难度大，数据的重复建设频繁，人力资源浪费严重。因此，亟待从不同家畜的繁殖、育种、饲养与健康管理等技术层面及管理层面，规范采集的数据标准、数据采集方法及派生数据的计算模型等，为实现物联网数据的交换与共享解决最基本的数据标准问题。

(2)关键技术与产品缺乏。首先，专业的感知生命信息的传感器或识别产品类型少，能选用的产品价格高，大范围的应用对于家畜养殖企业确有困难。其次，采用公用的3G或4G通信技术缺乏优惠政策，畜牧行业用不起，难以持续维系。再次，畜牧业生产的知识模型及应用控制阈值等相关的研究远远不够。国内各地经济发展不平衡，养殖模式不同，投入产出比不同，不

能选用相同的控制阈值，即便是同一类型的畜种，控制阈值也是有变化的，需要领域专家、管理者与物联网技术信息专家协同制定，才能使物联网系统的智能控制更加精细化。

（3）对畜牧业物联网的认知度不高，现有的畜牧业物联网技术在畜牧业上的应用存在局限性。在整个畜牧行业，尤其是政府层面对物联网技术应用前景的认知不高，在立项上主要着重于品种选育与改良、生物技术的研发等，导致物联网技术的基础研究相对薄弱，应用规模小、分散，应用的环境单一，稳定的维护运行投入不足。现有的畜牧业物联网技术在畜牧业上的应用存在局限性，大多数的应用主要集中于数据的采集与贮存，而对数据的智能化分析及生产方面的应用不足，即尚未实现物联网"感知生产状况"—"传输生产数据"—"反馈调控生产"多个层次的应用。因此要加大畜牧领域专家、物联网技术专家与设备控制专家的密切合作，形成一系列畜牧业生产的物联网完整解决方案，如同 ESF 一样，使物联网技术的应用能转化为现实生产力。唯有如此，政府决策者，经营管理者才会重视物联网技术的应用。

（二）展望

中国是畜牧产业大国，但不是强国。畜牧业产值占大农业产值的比例一直徘徊不前，按农业部"十二五"发展规划，尽管到 2015 年所占比例将达到 36%，但还是远低于畜牧业发达的国家水平的 60% 以上。这也表明中国畜牧业具有很大的发展空间。物联网技术的应用，能够大大减少劳动力，例如，智能 ESF 的应用不仅大量节省劳动力，还节省饲料用量减少浪费，达到节本增效的效果。首先，根据对采集数据的分析，能及时发现群体中的个体问题，通过精细化管理，将人为管理失策造成的损失最小化，进而提升效益。据测算，如果中国 50% 以上繁殖母猪采用 ESF，将妊娠母猪从围栏饲养模式中解放出来，并配合使用哺乳母猪的自动饲喂技术，可综合提高母猪的繁殖率水平，即使减少能繁母猪的饲喂，仍能保证当前饲喂水平下出栏商品猪的数量。

仅此一项就可在稳定猪肉的供给量的前提下，缓解对土地、环境、劳动力及饲料资源的需求压力，维护 CPI 稳定的效果。其次，物联网技术在畜牧业生产全过程的全覆盖应用，包括养殖环境参数数据自动采集与智能控制，繁育过程的数字化记录与智能化分析，各种投入品用量的精准计算与有效投放，畜产品生产的全程跟踪与溯源，将大大提高对各个环节的监控能力，提高动物的福利水平，提高饲料转化效率及畜产品品质，提高对畜产品质量安全的监管能力，保障畜产品的有效供给与质量安全，缓解中国畜产品生产长期面临的"保数量、保安全"的巨大压力，同样意义重大与深远。

（三）结论

中国畜牧业物联网技术的研究与产品的研发取得了进展，但仍处在初级研发阶段：

（1）在物联网标识层，制定有家畜的国家标识规范，部分省市的电子标识规范及一些企业编码规则，为家畜的生产管理及畜产品溯源系统的构建奠定了必要的基础，但家畜的编码未与国际接轨，家禽的编码无国家标准，需要加快更新与制定。

（2）在物联网数据采集与传输层，探索了无线移动互联与网络数据库的集成应用，尤其构建了基于传感器技术与移动通讯技术融合的环境监测及视频数据物联网解决方案。

（3）在家畜物联网数据分析与精细饲养方面，母猪电子饲喂站是物联网技术集成应用并提高生产力水平的典型案例，而种畜生产全过程云计算平台的开发，为种畜繁殖参数的计算与群体的生产性能的动态监测提供了较好的分析平台。但是，数据采集的灵活便捷性与在线实时采集是保证云计算平台高效运行的关键。

（4）在畜牧业物联网整体解决方案方面，今后研究重点应放在形成"全面感知—可靠传输—智能分析—自动控制"的全闭环、全覆盖的方案实施上，在应用中使物联网关键技术成为提高畜牧业生产效率的正能量。

第八章　物联网下的共享单车

第一节　共享单车的交通价值与发展路径

共享单车是由企业向大众提供具有互联网控制功能的自行车，公众借助手机交费取用和交还的交通工具。作为互联网技术与传统自行车结合形成的新兴交通工具，共享单车创造了"互联网 +"的新业态。共享单车在城市快速推广，引起了较大的反响。各地政府对共享单车的认知和态度不尽相同，有的支持，有的观望，有的排斥。社会对共享单车褒贬不一，众说纷纭，使用和破坏并存。超越不同群体利益的狭隘立场局限，全面考量共享单车的功能和效益，对于正确认识共享单车和给予共享单车合理定位都有重要意义。

一、共享单车的兴起与现状

2014 年，第一批共享单车在北京大学校园投入使用，创立者旨在方便教职工和学生的校园内出行。由于它适应大学校园出行的需要，受到教职工和学生的欢迎，共享单车的数量和拥有共享单车的高校数量快速增长。在校园的尝试取得成功以后，共享单车企业把目光投向城市，策划发展城市共享单车。2016 年，共享单车跨越大学校园，投放到城市，实现了从校园交通工具向城市交通工具的飞跃，成为城市大众使用的交通工具。共享单车企业先后在广州、北京、上海、深圳、杭州等三十多个城市投入共享单车，为这些城市增添了一种新交通方式。共享单车所用车辆以自行车为主，只有少量电动车。共享单车进入城市的一年多时间里，发展速度极快。一方面，共享单车品牌和投放车辆数量增多。共享单车品牌已经增至二十多家，竞争十分激烈。随着使用共享单车的城市增多，共享单车企业投放车辆数量快速增加。仅 ofo 一家企业投放车辆已累计超过 80 万辆。另一方面，共享单车用户量大幅增长。艾媒咨询发布的《2016 年中国单车租赁市场分析报告》显示，2016 年我国单车租赁市场规模将达 0.54 亿元，用户规模将达 425.16 万人，预计 2019 年中国单车租赁市场规模将上升至 1.63 亿元，用户规模将达 1026.15 万人。比达咨询发布的《2016 中国共享单车市场研究报告》显示，2015 年～2016 年底，我国共享单车市场整体用户数量从 245 万增长到 1886 万。预计 2017 年，共享单车市场用户规模将继续保持大幅增长，年底用户规模将达 5000 万。

由此可见，共享单车日益被公众接受，发挥的作用也越来越大。2017 年 1 月，共享单车进入天津。一个多月来，用户量和使用量都呈快速增长态势。快兔出行企业的统计显示，该企业投放的共享单车每辆车平均每天 3 单，单车骑行平均 21 分钟，投入的 3 万辆车一天骑行频次达 9 万次。酷骑单车企业的共享单车也被大众接受和使用，从 1 月 14 日开始投放到 27 日，天津的 1.7 万辆酷骑单车被使用了 2 万次～3 万次。还有其他品牌的共享单车也陆续进入天津，市场竞争初具雏形。

二、共享单车的特性与功能

首先，共享单车有利于解决城市交通"最后一公里"难题，提高换乘便捷程度。从轨道交通或公共汽车站点到出行目的地这段路程，公共交通网点再密也鞭长莫及，使用出租车或小汽车成本高又增加污染和拥堵，骑自行车或步行也有诸多不便，因而一直没有行之有效的解决办法，成为影响城市交通质量的瓶颈。共享单车非常适合在短途出行和公交换乘中使用，在很大程度上可以增强城市交通服务能力，更好地满足大众出行需求，而且对"公交都市"建设有促进作用。其次，共享单车是低碳交通工具，对交通低碳化有积极促进作用。共享单车实质上是互联网科技的定位、收费、借还技术与传统自行车的结合，人们通过手机互联网借还车辆，所租用的车辆与普通自行车别无二致，也是依靠人力驱动。在整个使用过程中，没有能源消耗，也不排放污染物，无疑属于绿色低碳交通方式。共享单车使用量越大，意味着非低碳交通方式的削减量越大，因而交通的低碳程度就越高。城市交通污染气体排放减少，有利于治理雾霾和提高城市生态环境质量。再次，共享单车使用成本低，灵活度高，是便捷的大众出行方式。

共享单车的核心理念和特征是共享，个人不拥有车辆，但是任何人都可以付费使用。换句话说，每辆车都为有需求的出行者提供服务。出行者可以在任意地点租用共享单车，到达目的地后即可停放，借助手机完成换车手续，方便程度与私人自行车相差无几。但是，与私人自行车相比，共享单车不需要使用者保管和维护，没有失窃之忧，又不受往返约束，成本更低，灵活度更高。与公共自行车相比，共享单车取用和存放点更加接近出发点和目的地，因而更为方便。最后，共享单车是企业经营的商业性服务，有利于市场机制发挥作用。共享单车由企业经营，在追求利润和市场竞争的驱动下，必然不断调整发展策略，最大限度地适应社会需要，从而提高共享单车服务水平。比较而言，公共自行车需要政府大量投入资金来维持，有的城市公共自行车的费用已经成为政府的沉重负担，几乎陷入困境，而共享单车由企业负责投资和运营，是市场提供准公共物品的新形式，既为大众服务，又不给政府增加负担。这种提供方式既具有不断创新和提高服务效率的动力，又可以充分发挥市场在配置资源中的作用。

三、共享单车面临的问题

共享单车推广时间不长，虽然主体模式已经成型，但是还有许多方面处在探索和完善之中。从目前各地的实践来看，共享单车正在面临着多方面的问题。这些问题引起人们和政府对共享单车的质疑，也给共享单车的发展带来严峻的挑战。第一，共享单车无序停放影响市容并存在权利争议。用完共享单车后，租车者可以在离目的地最近的地点停放共享单车，这是共享单车的便利之处和优势之一。在实际使用中，大多数人到达目的地以后，任意将共享单车停放在马路边、小区内、绿化带，甚至有人把它停在道路上，造成秩序混乱，绿化带毁坏，既干扰交通又损害市容。即使共享单车规范停放，毕竟也要停放在人行道上，这种占道停放给城市管理部门出了难题。有的城市管理部门认为这是占道经营，予以清理。截至 2017 年 1 月 17 日，南京中心城区新街口的近 600 辆单车被管理部门拖走。时隔不久，1 月 25 日，

《天津日报》官方微信报道酷骑单车违规"占路运营"被综合执法通告一事。虽然这些事件并没有打断共享单车发展的进程，但是停放仍然是悬而未决的问题，在各城市普遍存在，亟待解决。第二，共享单车被独占使用和人为破坏情况比较严重。一些使用者为了最大限度地方便自己，把共享单车私藏起来，或者自行加锁，独占使用，俨然成了自己的私人车辆，大大降低了共享效率。由于共享单车停放分散又无人看管，零部件被盗窃和车辆被拆卸破坏现象十分严重。各城市的共享单车都遭到多种形式的破坏。有数据表明，摩拜单车在上海的损毁率超过了10%，ofo单车在杭州的损毁率近5%。共享单车企业对这种破坏尚无有效对策。随着独占和破坏车辆数量增加，可用车辆数量减少，大众出行借车困难。在这种高损耗和破坏的情况下，企业运营成本升高，难以实现预期目标。

四、共享单车引起的效应

共享单车有交通工具和产业双重属性，它引起了城市交通方式的变化，也对现有产业产生了一定程度的冲击。影响程度与共享单车的普及程度密切相关。第一，共享单车改变出行结构，引起客运资源重新分配。共享单车在短途中具有成本低、使用方便的优势，因而在短途出行中对其他交通工具的替代性较强。部分短途出行的步行者、乘公交者、乘出租者转移到使用共享单车出行，引起出行结构的变化。由于共享单车受天气和气候的影响较大，使用频率非常不稳定，运能低，所以在客运结构中占比例极小。但是它作为新增的交通方式，毕竟分走了其他交通方式一直拥有的一些客运资源。对于公共交通来说，这个影响非常小，或者还有利于降低公共交通车辆的拥挤程度。但是，对城市出租车来说，这个影响足以引起他们对共享单车的敌对情绪。第二，共享单车会对自行车销售维修等产生小幅冲击。共享单车在某种程度上比私人自行车更便利，共享单车普及到一定程度，私人自行车的需求量就会下降，同时，由于私人自行车使用减少，维修也会相应下降，这对私人自行车的销售业和维修业产生一定的负面影响。在有些城市，随着共享单车增多，私人自行车销售和维修业务量已经有所下降，引起了行业从业人员的不满情绪。共享单车由企业经营，厂家统一生产，专业人员统一维护，给生产企业带来了新的商机和需求。综合来看，共享单车现阶段引起生产总量增加和生产企业的结构性调整。

五、规范有序发展共享单车

从现状来看，共享单车有利有弊。但是，从共享发展和改善民生的立场来看，共享单车的有利方面是主要的，所引起的问题是次要的，是可以解决的。因此，对这种信息技术与传统交通工具结合的创新，应该持包容和认同的态度，创造有利于共享单车发展的各种条件，促进共享单车尽快化解各种问题，兴利除弊，走上规范有序发展的轨道，为大众提供便捷高效的交通服务。首先，政府部门协同为共享单车发展创造条件。共享单车作为新兴业态，尚处于摸索过程中，经营管理方式都需要在实践中不断改进和完善。政府部门不能因为共享单车对市容有负面影响就将其拒之门外或者采取抑制态度，而是要着眼于它的交通功能和利民价值，统一认识，给予必要的支持。政府交通管理、城管、环卫、公共安全等部门涉及共享单车的运营，应该协同起来，给予共享单车存放的便利，打击破坏共享单车的违法行为，保护共享单车企业的正当权益，为大众使用共享单车和共享单车业的发展创造必要的条件。

其次，政府及时制定前瞻性的共享单车管理规范。共享单车刚刚出现，在停放和使用等诸多方面都还没有相应的规范，容易产生乱停占道、安全事故、付费纠纷等问题。一旦发生问题，责任不清，依据缺失，处理起来十分困难，后果令人担忧。因此，政府要制定行业规范和技术标准，明确共享单车的技术要求、停放区域、管理职责等，为公众安全使用共享单车提供制度保障。同时，政府要按照规范全面履行监管职责，促进共享单车规范运营和健康发展。再次，营造共享单车公平竞争的市场环境。

在共享单车发展问题上，坚持市场在资源配置中起决定性作用和更好发挥政府作用的原则，正确处理政府和市场关系。一方面，政府准许多家共享单车企业进入市场，让市场竞争机制充分发挥作用，促进企业提高服务质量和降低收费标准；另一方面，政府做好规则制定和全程监管工作，让共享单车更好地满足大众出行需求。最后，提高大众对共享单车的认知。共享单车作为一种新的交通方式，在不同城市的发展程度、速度以及收益在很大程度上取决于大众的认知水平。共享单车的盈利基础，就是要求使用者秉持"共享"的理念，主动促进单车的有效利用率，通过合理停放、主动爱惜、及时报修等自律行为让单车实现最大限度的循环利用，这样共享单车的经营者才会实现更多盈利，进而提供更加优质的服务。大众诚信度高且自觉遵守规则，共享单车的发展速度越快，城市的交通收益也就越大。反之，大众依旧乱停乱放，随便独占，肆意破坏，共享单车只能昙花一现。共享企业积极开展技术创新以解决大众破坏车辆、乱停放、据为己有等问题，政府依法惩处破坏行为，都是必要的。同时，营造诚信守规则的社会氛围尤为重要。只有全面宣传共享单车对城市发展和大众出行的价值，提高大众的道德素质和法律意识，教育大众充分理解共享的意义并正确使用共享单车，才能促进共享单车为大众更好地服务。

第二节　共享单车的经济学思考

一、共享单车的出现及现实意义

在移动互联网时代和供给侧改革背景下，共享经济正渗透入老百姓生活的方方面面，共享单车就是一个典型例证。在出行领域，共享单车的创业项目，以其模式的创新性在社会上掀起了单车出行热。规模扩张快、灵活性大、资本效率高、进入门槛低是共享经济模式的特点，共享经济模式的冲击，带来的不仅仅是共享单车，更多的是对于闲置单车运营效能的提升。公共自行车租赁的概念起源于欧洲，1965 年第一代公共自行车系统在荷兰首先出现。由于中国发展历史和现状与欧洲不同，公共自行车系统起步较晚。2007 年，智能化运营管理的、真正具备一定实用价值的公共自行车系统开始进入中国，此时的运作模式是公共自行车租赁，由政府主导，分城市统一管理。2007 年 8 月，北京率先开始投放公共自行车。2010 年永安行公司成立并承接浙江台州、苏州、上海松江公共自行车系统项目，获得了成功。2014 年 OFO 共享单车成立，由此提出了单车共享的概念，OFO 的出现为校园提供了便捷经济、绿色低碳、更高效率的共享单车服务。

不久，面向社会公众的共享单车开始出现——2015 年摩拜单车进入市场，刮起了城市单车领域的"橙色风暴"。截至目前，OFO 单车和摩拜单车为市场上占有份额最大的两个共享单车品牌。共享单车作为一种自由度高、低碳环保、使用方便且费用低廉的交通方式深受老百姓的欢迎。此外，由于共享单车的经济前景较好，各品牌商对共享单车未来的发展持乐观态度，愿意继续加大共享单车在各大运营城市的投放数量。不仅如此，共享单车作为一种新型投资项目也引发了一轮又一轮的巨额投资热潮，截至 2016 年 12 月，OFO 和摩拜均已完成 C 轮融资，融资总金额高达数亿美元。共享单车在社会上广为流行，究其原因是该模式既解决了传统自行车厂家产能过剩问题，又向公众宣扬了低碳出行的生活方式，一举两得，利业利国。

此外，由于共享单车的初衷建立在节能环保的理念上，在这个基础上解决一部分人短距出行的需求。因此，无论是对生态文明建设还是对产业发展或是对社会公共交通完善串接来说，单车的共享都是一件积极有意义的好事情。

二、共享单车的经济学分析

规模扩张快、灵活性大、资本效率高、进入门槛低是共享经济模式的特点，2016 年，摩拜单车、OFO 单车等创新性的出行项目，正因为符合共享经济的特点，掀起了一阵单车出行热，也提升了闲置单车的运营效能。OFO 单车基于移动 APP 和智能硬件开发，是目前中国规模最大的校园交通代步解决方案，为广大高校师生提供了便捷经济、绿色低碳、更高效率的校园共享单车服务。同时协助高校回收改造废旧自行车，解决"僵尸车"问题。摩拜则把研发重点放在降低运营成本上，据摩拜科技介绍，因为希望打造 4 年免修的智能自行车，摩拜走了一条自行设计、生产单车的路线。重达 25 公斤的车身、不可调节的座椅，无行车导航，这些都是为了"免维修"所做的独特设计，增加了摩拜单车的灵活性与自主性，提高了竞争门槛。就共享单车来说，它具有以下商业特点：第一是用户体验：使用费用低，自由与共享共享单车解决了老百姓短距离的出行问题，每次使用费用 1 元左右，相比步行或者出租车来说快捷又经济。不仅如此，手机 APP 注册使用高效且省时，通过软件可以迅速找到附近可使用的单车，能有效调动存量市场，提升闲置自行车使用效率，为城市节省更多空间，推动了绿色环保低碳出行。共享单车兴起的原因和地域选择很有关系。无论是 OFO 还是摩拜，目前主要的精力均放在北、上、广、深等一线城市。因为这些城市面积较大，人口多，市场需求旺盛，使得行业发展有了基础。当然，随着共享单车规模的扩大，也给交通管理带来了一定的问题，例如责任保险及纠纷问题、放点设置问题、单车道路建设是否能满足需求问题等。纵使有这些问题的出现，也并不会阻止共享经济的到来和共享单车的深入人心。

第二是平台企业：行业竞争激烈从外部环境看，国家大力提倡绿色环保、健康出行的理念，而共享单车的出现和国家的"生态文明"建设理念相吻合，易获得国家支持。不仅如此，中国城市人口多且密度大，共享单车的出现大大满足了用户从地铁站到目的地这"最后 1 公里"的需求，尤其是占城市人口较大比例的都市白领这一用户群。随着中国城市化进程加快，都市白领数量也会随之大大增加，由此可见，不断增长的用户需求能使共享单车有着较好的发展前景。然而，由于共享单车行业进入门槛不高，造成行业内部竞争激烈。截止到 2016 年底，摩拜、OFO、优拜、小蓝、小鸣、骑呗等 10 多家共享单车租赁平台涌入市场，且各家单车目前市场定位趋同，竞争程度可想而知。因此，从共享单车的品牌商看，想要成功营运共享单车，务必科学设计、生产单车，构建共享信息平台，控制营运与维修成本，获得独特的竞争优势，从中脱颖而出。

第三是供给方与需求方：价格谈判能力弱根据波特五力分析模型分析，电动自行车作为共享单车的替代品不具有共享单车"自由共享"的特色，对共享单车冲击较小。此外，两轮脚踏车生产商由于供过于求，其讨价还价能力弱，这也利于共享单车平台企业降低获得车辆的成本。共享单车的用户为价格的被动接受者，讨价还价能力也不足，这可使共享单车获得较为稳定的利润，不至于随着租金增减而波动。但是，由于进入门槛低造成新进入者的威胁大，共享单车模式容易被模仿。但是新进入者的威胁也能倒逼共享单车租赁平台企业提供更为优质的服务、强化自身的管理、大力推进研发创新，反而有利于生产商的生产设计和用户的优质体验。

第四是单车资产：会计确认及折旧政策共享单车对平台企业来说，是一项固定资产还是低耗品？由于共享单车是以出租单车为主的服务型行业，主营业务收入来自单车，单车一般使用年限超过 1 年，并且是与生产经营有关的设备，所以单车应该确认为经营共享单车企业的固定资产。由于单车本身有单价低且损耗大的特性，在使用的过程中，其效用逐年降低但维修费用逐年增加。因此，单车折旧费用应当呈递减的趋势，即前期应多计提折旧，后期少计提折旧，采用加速折旧法。如此一来，便可使企业尽早收回投资，加速固定资产更新，提高劳动生产率和产品质量，从而提高企业在行业内部的竞争能力。

第五是收入如何确认及管理从共享单车目前收费标准来看，摩拜半小时 1 元租车费，二代摩拜单车半小时为 0.5 元；而 OFO 共享单车对于校内师生 0.5 元一小时，非师生认证用户为一小时 1 元。根据权责发生制原则来看，单车使用费收入应确认主营业务收入。但由于其收入为网络结算款项，如何确认当期已经实现的收入，却成为难题。根据权责发生制原则，不论是否收到款项，都应在账簿上记录当期的收入增加。凡是不属于当期的收入，即使收到了款项，也不能在账簿上记录当期的收入增加，按权属划分所属于期，没有确认为收入的挂在其他应付款或预收款项，到期再计入收入。但押金就算让当期收入增加也不应该算是平台企业的收入，因为可能随时要退回给用户。由此看来，随着创新业务的出现，会计确认政策也要与时俱进，及时作出调整，严防盈余管理。

从经济学的角度看，共享单车的出现可以调整单车行业的经济结构，使资源要素实现最好最优的配置，提升自行车厂商提供产品的质量和数量，消化过剩产能，为人民群众生活方式的转变提供有效供给，促进经济社会持续健康发展。此外，共享单车以绿色低碳出行为理念，在满足人民群众"最后 1 公里"出行需要的同时还宣扬了中华民族生态文明发展的中国梦。经济的发展离不开生态文明的建设，只有生态文明建设好了，经济才有可能又好又快持续稳定发展。但是，共享单车的发展也存在其劣势。除了进入门槛低造成竞争激烈以外，布点广且收费低导致获得盈利能力弱，相关法律法规和会计政策尚未完善等问题也是共享单车发展面临的瓶颈。因此，共享单车各品牌商应该优化生产设计并创建自己的核心竞争力，合理布点以提高使用频率，密切关注相关法律规定以制定出合适的运营方案，从而提高整个共享单车行业的资源利用效率以及降低投资风险。

第三节　浅析"共享单车"运营和管理中存在的问题与对策

在移动互联网等新技术的驱动下，城市慢行交通领域的创新逐渐显现出来。在出行领域，打车类应用软件的发展逐渐趋于稳定，但民众"最后一公里"出行的问题，始终没有得到解决。共享单车的出现，让民众多了一种绿色的出行方式可以选择。共享单车的最大价值在于民众出行的"最后3公里"，其无桩借还的模式相比于政府公共租赁自行车，使民众借还单车更加快速和便捷。同时，共享单车引导政府部门重视慢行交通系统的建设，倡导民众更多选择绿色出行的方式，这些方面能在一定程度上缓解城市交通拥堵、改善城市环境。然而，共享单车作为新兴事物，随着共享单车平台企业在各大城市开始大量投放单车，共享单车的停放、安全出行等问题引起了社会的关注。本文就共享单车运营和管理中存在的问题，提出相关的对策和管理建议，供政府城市管理和交通管理相关部门参考。

一、共享单车的发展及背景

（一）"共享单车"的概念

"共享单车"概念的界定，在学术界还没有进行比较明确的研究，本文结合目前社会中已有的，不管是政府为了公共服务而运营的公共租赁自行车，还是当前以 ofo、摩拜为首平台企业，给出"共享单车"的定义。在本文看来，"共享单车"指的是一种通过线上应用软件连接自行车和人，通过线下提供自行车服务，基于"共享经济"理论而运营的一种商业模式。由此定义可以看出，"共享单车"需要自行车这种实物在线下来提供出行服务。

（二）"共享单车"的发展及背景

随着工业现代化的快速发展普及，上世纪七八十年代的自行车出行方式逐渐被汽车所替代。但是，当前移动互联网技术的快速发展，让自行车出行重新成为民众短距离出行的首选。近几年网约车平台企业在很大程度上改变了人们的出行方式，受滴滴出行、Uber(优步)的启发，一些互联网创业企业通过智能手机应用、GPS定位及以二维码扫描、智能锁等移动互联网技术，向民众提供便利、廉价的自行车共享服务，以解决民众的短途出行需求，也有助于缓解城市的交通拥堵和环境污染等问题，共享单车运营企业便是在这种大环境孕育而生。以ofo、摩拜为首的共享单车平台企业最近受到了资本的追捧，在一二线城市的大学校园和地铁口、公交站、写字楼、产业园区附件随处可见黄色和橙色的自行车。截止到2017年3月，以ofo和摩拜为首的共享单车平台企业已获得数轮融资。

然而，随着各共享单车平台企业的单车投放数量的增多，在方便市民出行的同时，出现了服务同质化、乱停乱放、骑行安全等问题，亟待政府部门出台相应的监管政策加以管理规范。

二、共享单车运营和管理中存在的问题

随着共享单车市场竞争的激烈，各家企业加大对单车数量的投放以争夺用户，共享单车逐渐与城市的管理和交通管理产生了一些矛盾。共享单车所带来的负面影响，包括与城市管理、交通管理之间的矛盾的解决，实现共享单车的社会效益最大化，是当前共享单车运营企业和政府相关部门、以及民众，共同面对的问题。本文从共享单车平台企业和政府部门两方面来分析，当前共享单车运营和管理中存在的问题主要有以下几点：

(一)共享单车数量激增，无序停放占用道路公共资源和空间。共享单车的最大价值在于民众出行的"最后3公里"，其无桩借还的模式相比于政府公共租赁自行车，使民众借还单车更加快速和便捷。然而，虽然企业规定单车需停放在道路白线的停放区域内，但在实际使用中难寻道路白线踪影，用户随意停车导致占用人行道、公交站台等公共区域等现象十分普遍。

(二)共享单车运营企业缺乏对用户行为的监控。当前各个共享单车平台企业当前虽然对单车的停放位置、使用人群等都有相关的规定，比如未成年无法注册成为用户、不允许用户将单车骑进小区内等。但是，由于共享单

车平台企业运营机制不完善，导致用户的行为得不到有效的监控。导致用户违规使用共享单车，出行逆行、闯红灯等不遵守交通规则的情况，在非机动车道与行人争道、未成年人骑行共享单车等，还出现用户将共享单车骑进非公共区域，进行恶意损坏等，甚至出现把共享单车私自据为己有进行改装、低价出售等违法行为。

（三）政府相关部门的配套监管政策未能及时跟进。共享单车作为新兴事物，共享单车市场发展迅速，行业市场竞争激烈，随着各个共享单车平台企业在各大城市大量投放单车，导致单车的数量持续增加。城市的道路公共资源和空间是有限的，这势必更加剧了道路的拥堵，影响机动车辆和行人的正常通行。然而，目前仅有成都市发布了鼓励共享单车发展试行意见的相关指导政策，其他城市相关部门还没有制定对共享单车进行统一管理规划的规范制度。共享单车的发展定位符合政府部门倡导的绿色出行理念，但是针对共享单车投放之后的运营和管理，平台企业自身要制定相应的用户管理体系，加强经营管理，同时政府部门承担着监管角色，要尽快制定出台相应的管控政策。

三、共享单车运营管理对策及建议

慢行交通系统作为城市交通运输体系的补充，营造友好的骑行环境，建立良好的骑行管理规范制度和信用道德体系，当前仍需要共享单车平台企业和政府部门的共同推动，体系政策落地实施才能让共享单车更好地服务民众的出行。

针对前文从共享单车平台企业和政府相关管理部门两个方面分析指出的共享单车运营和管理中存在的主要问题，本文也从两个方面提出相应的对策和管理建议。第一是共享单车平台企业方面。共享单车平台企业作为运营者，应承担起相应的企业社会责任，做好单车的运行和维护工作。在与政府沟通方面，应当以积极的态度，主动接受政府相关部门的监管。平台企业运营的单车数量、骑行路线数据、单车停放区域等信息，及时向政府相关部门报备。共享单车用户作为消费者，共享单车平台企业也应做好宣导工作。应引导用户规范自己的行为，自觉将单车停放在合适的区域，以及自觉遵守交通规则。在用户注册信息数据等隐私方面，要做好保护工作。同时针对收取的用户押金，应将押金存放以及退还等工作透明公开，保障共享单车用户作为消费者的权益。

第二是政府城市管理、交通管理相关部门方面。政府部门作为城市的管理者，应将城市慢行系统纳入城市的规划建设中来。对于城市慢行系统中行人、单车的路权分配问题，应做好区域和道路的规划。合理划分道路公共资源空间，将单车的合法停放区域与机动车的停放区分开来。在骑行规则方面，要大力引导民众自觉尊重交通规则。在维护共享单车方便、快捷等特点的前提下，确保城市的慢行交通系统规范运行。共享单车运营企业的监管，以及单车数量投放的规定，政府部门都应纳入自己的监管范围。对于恶意破坏共享单车的行为加以惩治，引导和约束用户的行为规范，做好监管平台企业的同时也应让共享单车的停放秩序得到治理。

在共享单车平台企业和用户消费者之间，明确单车运营企业和用户之间的权利和责任，共同促进共享单车行业市场朝着健康的方向发展。在共享单车用户信用体系建设方面，政府应推动共享单车平台企业建立的平台信用积分体系与政府公民个人征信系统相结合。鼓励更多的共享单车用户参与到用户行为的监管。对于共享单车的行业准入标准，政府要做好行业政策的制定，共享单车行业的公平竞争，车辆的投放等，要与平台企业的运营管理能力相符合。防止单车数量过多和无序停放，影响行人、机动车辆的正常通行，对城市整体交通系统造成影响。总之，移动互联网时代，政府和民众对共享单车这一新兴事物，要有接纳的耐心。自行车作为城市公共交通设备，承担着城市慢行交通工具的角色。

共享单车的运营，平台企业还需要面对发票问题如何解决、是否需要上车牌、车牌如何取得等相关问题。我国目前城市道路资源空间均存在规划不合理，导致非机动车道与机动车道分配不均等问题。这一列问题的解决，以及如何引导共享单车的良好发展，考验的是政府部门的执政管理能力。建设一个成熟的社会信用体系，倡导民众遵循社会契约精神，建立文明友好的城市骑行环境，在此基础上，借助移动互联网，才能在更大范围内实现资源的共享。

第九章　摩拜单车背后的物联网

第一节　从摩拜单车了解什么是物联网

近几年，绿色出行风潮越来越盛，诸多新闻见诸报端和网络媒体，摩拜单车成为近日热门关键词。伴随着两会的召开，关于共享单车的较量也进入了白热化状态。行业两大巨头摩拜和 ofo 纷纷使出浑身解数，想要获得终端市场更多的青睐和认可，掀起了一轮不见刀枪的 PK 热潮。2016 年的"两会"上，物联网成为高频词汇，李克强总理的政府工作报告中明确提及物联网。并表示要加快物联网等应用，以新技术新业态新模式，推动传统产业生产、管理和营销模式变革。

在我们身边悄然兴起的"摩拜单车"吸引了很多人的目光，上下班骑车方便极了。物联网就在我们的身边，摩拜单车就是代表。从 概念来看，物联网就是物物相连的互联网，被称为继计算机、互联网之后世 界信息产业发展的第三次浪潮。

在如今人手一部智能机的时代，大量的企业的业务都建立在智能手机上，例如滴滴。在滴滴最终打败了各路竞争对手，独霸天下的时候，也就造就了一个"共享"模式出来。特别是在 2016 年底，将共享租车顺利复制到自行车领域，甚至成为一个新的热点"共享单车"。摩拜、ofo、小鸣、优拜四家共享单车平台累计完成了 15 轮融资，最夸张的是单轮融资已经达到了过亿美金，风头直逼滴滴。和 ofo 等共享单车不同，摩拜单车通过手机扫描二维码，可以快速解锁，随扫随走，很酷很便捷，这其实就是一种物联网应用技术，通过这一技术更加准确地定位单车位置，而且还可以大幅缩短单车的开锁时间，用户将可体验到扫码即开、无需等待的爽快体验。简单来说，就是把人与人链接的互联网，通过智能感知、识别技术与普适计算等通信感知技术，延伸扩展到了用户与车之间，进行信息交换和通信，也就是物物相息。

当然，摩拜单车产品中的物联网应用程度并不是一成不变的。许多用户可能都已经发现，摩拜单车的定位比之刚面世时更加精准，开锁速度也快了不少，其实，这就与其物联网技术应用水平的提升有很大关系。两会期间，摩拜单车开启了"免费骑行"的回馈活动，再次将自身推向了风口浪尖。但其官方负责人却表示，所有一切的活动都是基于用户体验，没有物联网技术的引入一切都是没有意义的。为何摩拜单车将"物联网技术"视为自身取胜的核心关键词？

业内人士分析指出，摩拜单车 APP 所应用的大数据，恰恰是基于"物联网"技术革命。没有物联网概念的引入，摩拜单车根本就做不到 GPS 精准定位。

正因如此，摩拜单车可以说更能代表互联网共享经济，也更能代表共享单车未来发展的趋势和方向。而且，无论是从物联网技术、理念，还是物联网对创新和用户体验的极致要求来看，摩拜单车也更加"合拍"。

比如，之前近日百度云宣布，将利用"天工"智能物联网平台技术，为摩拜单车提供精准定位的服务。具体来说，百度云智能物联网技术将智能推荐停车点附近可用单车的定位及数据情况，通过车辆信息管理"基站"上传至百度云，从而达到米级的定位效果。而且该技术还能智能推荐停车点，引导用户文明停车，加强城市有序管理，维护城市形象。

除了物联网应用，摩拜单车的"黑科技"还有很多。比如体力踩动发电技术、无链条转动技术等。据了解，摩拜单车专利技术已多达 29 种，在申请中的也有二十多种。甚至有分析人士认为，在牢牢坐稳国内共享单车第一的宝座后，科技驱动的摩拜单车在未来或可发展成为一个融入出行、社交、金融、电商等多种属性的综合性智能平台。其巨大的想象空间，也正是摩拜单车吸引众多资本巨鳄的主要原因所在。

第二节　摩拜单车的创意商业模式

2016 年对共享单车来说并不平静，资本的狂热追捧下，摩拜单车在极短时间内成为了继 ofo 之后又一款现象级产品。一年内摩拜完成五轮融资，让我们见证了共享单车对资本力量推动下的速度神话，但我们在关注资本层面对单车市场的影响时，却忽视了对这家公司商业模式本身的思考。短途出行机遇所在，巨大势能下的疯狂扩张摩拜为何能在一年内成长为创业公司中少有的"独角兽"，这得益于共享单车本身所具备的风口效应。一线城市极高的流动性、人群密度以及城市功能分区，带来了巨大地通勤需求。发达的公共交通基本满足了用户大部分的出行需求，但地铁和公交不可能实现毛细血管级的覆盖，当用户的出行距离缩小到 3 公里以内时，用户等公交车的时间成本、挤地铁的不佳体验都会让用户不选择地铁或公交出行，这使得出行市场衍生出了巨大机会，而这也是滴滴和 Uber 当年得以迅速发展的根本原因所在。

"中国 70% 的出行需求会集中在 3 公里范围内"，滴滴此前披露的数据，2015 年单均里程不足 3.7 公里，也在印证着这个观点。但这是一个滴滴远远无法满足的庞大市场需求。而在滴滴完成合并进行价格调整后，快车的价格已基本和出租车持平，移动出行的价格优势已悄然瓦解，这使得用户不得另寻新的 3 公里内出行方式。原本无法被满足的 3 公里内出行需求，以及滴滴让出的市场竞争身位，这为共享单车提供了生存土壤。再加上在此之前，政府公共自行车已经完成了最初的用户习惯培育，当更具有便利性的无桩自行车出现在用户面前时，已不再需要太多的用户教育。这些势能共同作用下，无论是摩拜还是其最大的竞争对手 ofo 都迎来了市场高速扩张的阶段。巨大的势能同样也带来了激烈的竞争，除了 ofo 和摩拜，还有十几家公司也陆续推出了共享单车服务，这使得大量共享单车创业公司扎堆一线城市，在短时间内更是造成了车辆供给远远大于用户需求的现状。不过在这样一个规模经济为核心的商业模型中，扩张速度仍然是企业发展的唯一关键。

如同打车市场一样，在一线城市用户增速逐渐放缓，单车投放数量逐渐饱和之后，共享单车也开始迅速下沉，并逐渐从一线城市向二三线城市铺开。截至 2016 年底，摩拜开通了 8 个城市的服务，而在获得 D 轮融资后，摩拜则加速了下沉速度。摩拜单车 CEO 王晓峰接受相关媒体采访时坦言，"不满意，还可以更快"，而这种焦虑则来自于竞争对手 ofo。比起摩拜刚完成一线城市的覆盖，ofo 则开通了 33 个城市，后者更是表示目前已投放 80 万辆共享单车，春节后将扩展至 100 个城市。迟迟未公布单车数量，摩拜融资背后暗藏三大隐忧在王晓峰看来，多轮融资已让摩拜巩固了优势，"作为市场第一名，摩拜目前的盈利状况远好于市场上的第二名到第几十名的共享单车的企业。"但比起 ofo 早早宣布投放数量已达 80 万辆，摩拜却迟迟没有公布自身的数据，只是在融资之后，王晓峰一再强调 2017 年加速造车的必要性，"拿到融资后的第一件事是我们要造更多的车"。

对摩拜来说，2017 年的发展主旋律将会是加速造车，并尽可能的覆盖更多的城市，但从一开始的商业模式上的三大隐忧却正在制约着这家公司的长远发展。出于维护成本考虑，摩拜从一开始就选择高价造车，之前有新闻爆出说摩拜单车被人破解后在网上以 3000 元的价格卖，某种程度上也从侧面证明了摩拜造车的成本的确很高。如此高的造车成本确实可以帮助摩拜降低未来长期的运营成本，构建一个看上去可以"一劳永逸"的模型，但这个过程并不容易。(题外话，摩拜高价造车换来的用户体验其实并不好)借助已有的用户需求形成的势能可以让摩拜在一开始拥有很好的用户增长，投入车的数量和用户增长的数量能够形成一个不错斜率的线性增长，此前摩拜此前宣称其 1 辆车可以带来 8 个缴纳押金的用户。

这绝对是一个足够吸引人的模型，因为根据摩拜当时的模型，只需要 1.5 年就可以收回成本，而摩拜投放的车辆质量则是按照 4 年使用期来制造的。但随着第一波用户红利的结束，以及北方天气的转冷，这个斜率却正在不断降低。用户增长斜率的降低带来的则是摩拜投放成本上的压力，摩拜并不能做到"投放车辆—拉用户上来缴纳押金—通过押金造新车投放"的 模型。但由于共享单车是一个典型的规模经济模型，即"在一特定时期内，企业产品绝对量增加时，其单位成本下降，即扩大经营规模可以降低平均成本，从而提高利润水平"，提前占据市场优势地位的一方可以虹吸到更多的用户，从而形成壁垒。摩拜和 ofo 均在不同场合宣告共享单车已进入"一超多强"的竞争格局，但关于谁是那"一超"的争议却非常之多。但当竞争对手ofo采用低成本造车＋改造共享单车的方式，可以迅速铺开单车的密度时，高投放成本的摩拜无论在投放速度还是数量上早已难与之竞争，或者说摩拜想达到与ofo同样的效果，需要付出更高的代价。这种更高的代价意味着需要更多的资本支持，这也就解释了为什么摩拜会急于半年内连续两次融资。

面对投放数量上的落后，摩拜唯一能选择的应对方案就是融资。营销风云资再融资，寄希望借助资本的力量来缩小与ofo之间的差距。"我们需要风投让我们来赢得时间"，王晓峰直言现在谈盈利尚早，目前主要工作是把用户群扩大。而之所以做出这样选择的原因则是其高成本造车的打法以及与共享单车规模经济模型带来的冲突。深究摩拜的商业模式，其不像传统意义上的的共享经济，本质上更像一个租赁金融生意。摩拜单车最大的价值在于"背后的押金的沉淀资金和产品使用的人群价值"。随着硬件供应量的增加以及不断迭代成本最终会大幅下降，当获取押金大于单车投放成本时，资金沉淀下来一定会延伸为金融杠杆。所以现在的摩拜需要大量的资金不断补充并维持整个模式的运转，坐等收割的那一天。这些钱可以是来自融资，也可以是来自用户的押金，但一旦其规模达到瓶颈，这个游戏就可能很难继续下去。

因为这意味着不仅获得来自用户的押金越来越少，资本市场所能给予的支持力度也将缩小。更值得摩拜警醒的是来自政策的风险，之前央行宣布正式集中存管第三方支付备付金后，摩拜通过共享单车做租赁金融的路似乎也面临到政策风险，这也让摩拜未来能否继续得到资本支持蒙上了阴影，毕竟滴滴因为政策问题陷入裁员窘境的故事大家刚刚看完。以史为鉴，共享单车之争或将很快完结高举着共享经济的大旗推出无桩共享单车模式，尽管并非具有外部性的C2C模式，但切中用户痛点的摩拜还是迅速成为了资本追捧的宠儿。在完成D轮融资步入独角兽行列后，摩拜已然成为了很多人眼中"下一个出行领域的巨头"。摩拜此前融资时也曾曝出说很多基金为了争抢投资摩拜的机会，甚至没有做详细尽职调查的前提下就签了投资协议，这在摩拜看来是体现他们受资本追捧的表现，但实际上大多数时候资本并不会如此轻易地做决定。而摩拜的故事能否说通的关键仍然在于高造车成本和迫切的车辆投放需求上寻求平衡点。如果这个故事能够最终圆上，那么皆大欢喜，如果最终圆不上，很可能就会陷入美团卖掉猫眼电影这样断臂求生的局面，甚至是像乐视一样走到悬崖边缘，让"野蛮人"随意叩门而入。但与乐视、美团不同的地方，几乎是一夜成名的摩拜只有两年的发展历程，显然还没有形成业务矩阵，根本无力承担这样的风险，一旦出现资金链问题几乎就是全盘皆输。不过好在资本寒冬的背景让资本出现了集中化的倾向，摩拜在此前几轮融资过程中拿到了大批主流基金，以及腾讯、携程这样战略投资方的投资，这也保证了其即便是走到最危险的时候，也不会轻易倒下，毕竟他们已经捆绑了太多方的利益。但就整个共享单车领域而言，如今共享单车还没有显出一个如滴滴出行那般重要的入口价值，也没有赶上腾讯、阿里借助打车软件推广移动支付的大势。而对摩拜来说，比较尴尬的是虽然获得了腾讯的投资，但想要复制滴滴那般借助微信弯道超车快的的可能性恐怕很低，因为腾讯也投资了 ofo 的投资者滴滴。无论是摩拜还是 ofo，其实都只是其布局共享出行的一颗棋子。如今的共享单车已经变成了一场资本赛跑，资本助力下共享单车已然变成了"造车"游戏，但未来市场恐怕并不需要这么多的单车。这场共享单车大战结束的时间恐怕将会远比共享汽车更快。这个时候谁触达到用户面前的单车数量，谁尽可能的覆盖更多，那么最终将会赢者通吃。

第三节　论摩拜单车管理模式的创新

摩拜单车自 2016 年 4 月推出以来迅速风靡上海和北京，成为城市里一道亮丽的风景线。不少白领上班族都喜欢在搭乘地铁、公交到站后，骑上一辆摩拜单车，完成前往单位的"最后一公里"。在环境污染和城市交通拥堵的问题日益凸显的今天，摩拜单车符合绿色可持续的创新理念，对推动绿色出行具有积极的社会意义。那么摩拜单车的管理模式有何创新之处？摩拜单车的发展又面临着哪些挑战？将来该如何应对？本文针对这些问题进行了深入探讨。

一、摩拜单车的产生背景与现状

(一)摩拜单车的产生背景

从 Airbnb 到途家,再从 Uber 到滴滴,房屋住宿、交通出行等众多领域都涌现出了分享经济模式的创新企业。不同于出行领域的率先变革者 Uber,摩拜单车定位于短途自行车业务,为公共交通之间的间隙有短途接驳需求的人群提供代步服务,旨在解决人们出行的最后一公里路程。

(二)摩拜单车运营的现状

2016 年 4 月 22 日,摩拜单车在上海正式上线运营。每半小时 1 元的廉价租金、手机即可完成租借的便捷使用方式以及时尚靓丽的自行车外形使其迅速受到广大消费者,尤其是年轻消费群体的认可。8 月底摩拜又进军北京市场,目前在上海和北京的投放量都已达到了万辆的级别,很快将在广州开展业务。集合各项前沿技术的摩拜单车极大便利了人们的短途通勤,同时也缓解了城市交通和环境的压力,有着显著的绿色经济效益。

二、摩拜单车管理模式的创新分析

共享单车的概念由来已久,仅在中国,目前就已经有 180 多个城市开通了城市公共自行车服务。然而,运营效果却不尽如人意。摩拜单车管理模式的创新突破了原有产品服务的局限性,使其成为了短途出行领域的颠覆者。

(一)"无桩"的租赁模式被誉为"全球首款智能无桩共享单车"的摩拜,其最大的革新点在于摆脱了固定停车桩的束缚,车辆可以在任意合法地点锁车归还,从而弥补了传统的公共自行车的短板。为了实现随用随停的"无桩"模式,摩拜单车通过研发自己的车锁专利——车锁内置了芯片、电路板、互联网协议、GPS 和 SIM 卡,并且借助分布车身的传感器和智能硬件实现对车辆的定位和管理,解决了分享自行车中"找""丢"和"修"等问题。固定桩位的存在曾让公共自行车的建设成为一个耗费大量资源的漫长过程,摩拜"无桩"的创新模式不再需要政府投入土地与电的资源,大幅降低了运营和维护成本;同时,相较于有桩的自行车只适合于骑行需求量稳定维持在比较高的地点,"无桩"式的摩拜单车还能满足分散的不确定的骑行需求,

就近取、还的特点大大提高了单车的便利性与使用率，改变了以往公共自行车项目"投入数亿元却遭受冷落"的尴尬局面。

（二）"重资产"的分享经济模式摩拜单车的运营传递着分享经济的理念，即"人们需要的是产品的使用价值，而非产品本身"，但其分享的模式却不同于"滴滴"和"Uber"。滴滴和 Uber 实行的是"重运营轻资产"的管理模式，而摩拜单车采用的是"重资产轻运营"的方式，自己设计并制造自行车。相比滴滴和 Uber 是典型的"互联网 +"企业，摩拜单车更像是服务性制造业企业，以制造业为核心，再结 合互联网技术。相对于传统的共享经济模式，摩拜这种新型的自营模式更利 于对产品进行标准化管理。

（三）"互联网 +"的业务模式摩拜单车的创新之处还在于将移动互联网的技术嫁接于传统公共自行车租赁业务，其整个使用流程都是通过互联网来实现的。用户不必到线下服 务点办理租车卡，只需要下载"摩拜单车"APP 注册，缴纳 299 元押金后并 进行实名认证。依托互联网这一基础设施，车锁的 GPS 定位功能使用户在 APP 上就可以实时查找附近的单车，一键预约，扫描二维码即可租借骑行并自动计费。从找车、约车、开车到用车、锁车以及最后的付费都能够在一个 APP 上完成，这很符合移动互联网时代人们的使用习惯，极大地简化了流通环节，降低了使用门槛，为用户出行提供了方便。

三、摩拜单车现阶段面临的问题与挑战

在得到不少认可和掌声的同时，摩拜单车在运营中碰到的难题也超出了原来的预期。诸如车身过重导致的骑行体验不佳和 GPS 定位不精确等产品缺陷或许能依靠技术的改进得以解决，但真正的考验却绝不仅于此。

（一）公德缺失与信用难题 无桩、无人监控、完全基于用户自律配合的机制让摩拜单车的运营遭受到了文明的拷问。即使是在上海这样一个社会文明程度比较高的城市，违规停放、恶意损坏、添加私锁甚至失窃的现象也接连出现。为应对此种乱象，摩拜运用经济规则，引入了和价格相挂钩的信用分机制。满分为 100 分，正常使用一次加 1 分，违规扣分后低于 80 分时，用车单价将提高到 100 元 / 半小时。如信用分数降到 0 时，账号将永久冻结。

同时，摩拜鼓励用户对违规停进小区和车库的用户监督，拍照上传举报，核实后奖励信用积分。

（二）盈利模式困境分享单车的市场可分为两类供给者，一类是政府主导、不以盈利为目的，典型代表是法国巴黎的自行车共享系统和中国杭州的公共自行车项目。另一类是企业主导、以盈利为目的，典型代表是美国的花旗单车和中国的摩拜单车。然而，过去无论是民营企业还是政府主导的单车租赁公司基本都败了在了高昂的运营成本上。盈利的因素取决于投放规模、服务的范围以及使用率，如何精准的把握车辆的投放密度是难点所在，快速扩大用户群体同样是当务之急。租赁费收入的盈利空间并不大。这或许是个社会意义大于经济意义的项目，但企业若无法找到持续盈利的模式，将难逃亏损的命运，寻求新的商业模式才是突破口。

四、摩拜单车管理运营模式的创新展望

（一）完善信用机制信用体系的缺失无疑是目前推行分享单车所面临的最大的障碍。为规范用户使用单车的行为，在推出"信用分"机制后，摩拜单车又与前海征信达成合作，这意味着摩拜单车的用户信用数据将纳入前海征信的个人征信系统，成为个人信用的一部分。可谓是摩拜在完善信用机制上前进的一小步。未来，摩拜的信用分制度可考虑与政府推动的社会征信体系以及其他金融体系挂钩，以此培养用户文明用车的意识和习惯。一方面，通过与政府监管部门共享个人信用数据可以减少信息不对称的情况；另一方面，违约成本的加大——违规使用摩拜单车的行为对征信记录的影响可能导致个人无法获得金融服务，将对用户产生更强的约束力。通过推动整个社会信用体制和经济秩序的建立，才能够为摩拜这类分享经济企业的持续运营提供更优质的土壤。

（二）政企合作的供给模式摩拜单车以民间资本进入公共交通领域，试图在技术和组织变革的基础上，以市场力量来解决城市公共自行车发展难题。但纯民营的供给模式下，企业自负盈亏，风险过大。相较之下，政企合作的模式则可以让企业获得政策优惠。政企合作有两种形式可参考，一是政府补贴，武汉公共自行车的项目采取的即是此种方式。但该项目中，除了

小部分财政补贴的直接投入外，政府另授予运营企业广告经营权及其他项目开发权，企业通过自主经营获得用于公共自行车项目的资金，实现收支平衡；二是合同承包制的 PPP 模式，即政府出资购买企业的服务，由企业负责具体的运营工作，政府主要承担政策领导、支持的职能并监督其日常资金开支，在评价企业服务质量的基础上依照合同支付运营费用。

（三）探索多样化盈利模式借鉴目前国内外已经落地的共享单车项目的经验，摩拜未来的商业化运作可从以下几点出发。其一是广告收入。目前公共自行车收入方式的主要来源是停车桩广告的租赁，对于没有固定车桩的摩拜单车而言，则可通过转让车身广告媒体经营权或在 APP 中植入广告来增加其盈利。而在 APP 中推送广告来变现的形式则更多样化，如中午上班族骑行期间，向其推送周围餐厅折扣信息等。其二是衍生产品和服务的开发。单车的租赁有着明显的"潮汐效应"，作为一款互联网软件，摩拜单车可借用其平台规模去开发一些衍生产品和服务，以填补在高峰时段之外运营的冗余，保障平台的粘性和活跃度，例如社交、电商、硬件销售等。而用户在 APP 上累积的骑行数据，通过监测、采集与分析，也可以此切入健身领域的深度服务。摩拜单车在分享经济与互联网发展的土壤中孕育而生，对于提高公共出行效率有着很大的贡献。摩拜创新的管理模式迎来了公共自行车租赁的"无桩"时代，以高新技术和市场的力量解决了出行的痛点，推动了绿色骑行文化。同时，这也是分享经济在社会上的新一次实践。分享单车的理念想要继续推行，尚需使用者的诚信和公德心来配合。而摩拜也需要将公益与商业相结合，以实现其持续的运营。

第四节 互联网分享经济下的摩拜单车

摩拜单车，英文名 mobike，是由北京摩拜科技有限公司研发的互联网短途出行解决方案，是无桩借还车模式的智能硬件。人们通过智能手机，就能快速租用和归还一辆摩拜单车，用可负担的价格来完成一次几公里的市内骑行。2016 年 4 月 22 日，北京摩拜科技有限公司在上海召开发布会，正式宣布摩拜单车服务登陆申城。以倡导绿色出行的方式，给世界地球日"一份礼物"。街头巷尾，一辆辆橘色车轮的公共自行车在京城亮相，并一度成为朋友圈里热刷的对象。与一般刷卡取车的公共自行车不同，这些被称为"摩拜单车"的都市新宠非常智能，既不需要办卡，也没有固定的停车位。

依靠"互联网＋大数据"，手机扫码代替了开锁，单车的位置变成手机地图上的一个个点，公共自行车真正流动起来，使用变得触手可及。制造自行车后，摩拜并不直接卖自行车，而是卖自行车的服务。充分利用资源，做分时段租赁。比如一辆自行车，卖给一个人，他不会 24 小时都在使用，但是现在分时段租出去，可以让更多人受益。与摩拜有点类似的案例模式是"Wework"，也就是共享办公室。其实在互联网时代，分享经济的落地应用变得越来越多，比如日常的网约车模式，优步和滴滴的模式，自己不拥有产品，没有车，也没有开车的人，就是牵线搭桥的一个平台，把两头匹配起来提供平台服务，赚的是平台的中介费，需要积聚和整合外部资源在自己的平台上。国外大家比较熟悉的类似模式还有租房平台"Airbnb"，它自己没有房源，也不盖房子，但提供房屋租赁的平台。这些都可以视作分享经济的模式之一。共享经济指以获得一定报酬为主要目的，基于陌生人且存在物品使用权暂时转移的一种新经济模式。其本质是整合线下的闲散物品、劳动力、教育医疗资源。

不少人认为，共享经济是人们公平享有社会资源，各自以不同方式付出和受益，共同获得经济红利。此种共享，更多是通过互联网作为媒介实现的。而大家热议的"摩拜单车"则属于分享经济的第二种模式。摩拜的核心创新是：他们自己制造自行车，有一个实实在在的制造业工厂。它的自行车能够随停随取，首先不是取决于编了一个手机 APP 软件，而是取决于他们对自己制造的自行车进行了重大改良和研发。可能大多数人都把目光汇集到了摩拜单车外表的铝车架、轴传动、一体轮、实心胎，但事实上，还有不少技术创新在这辆单车上，比如车锁、车内置 GPS 的充电问题，都是靠乘客骑行，脚踏踏板人工发电的。也就是说，如果某辆单车很久没有被使用，那么当用户刚一骑上的时候，就会觉得"有些费力"，因为正在通过踩踏充电。当然这些科技背后也存在一些非科技能够解决的问题，比如人为的二维码被毁坏和车辆违规停靠。这些困难需要不断地通过科技来改善，更重要的是需要政府、社会来教育用户。

因为"共享经济"下，大家必须爱护共享产物，这个经济模式才能够持续，科技只是辅助的。否则，不管是摩拜单车还是未来的共享汽车，如果每个人都不爱护，而是去毁坏，那未来的无人汽车模式也无法很好地进行下去，这是一个技术和道德的切合点，技术可以辅助地解决一些问题，但技术不能解决一切。除此之外，还有一些需要摩拜单车的团队认真去思考的问题。对于mobike代表的"共享自行车"模式，人们往往会将业已存在多年的公共自行车与之对比。二者的差别显而易见：mobike没有固定停放点，而是采取APP定位的方式寻找自行车。由于省去了固定停放点环节，用户可以便捷地就近取用自行车；对mobike来说，一线城市设置固定停放点的高额成本也因之省去。但这种便捷的另一面，是取用上的不确定性。无论是mobike还是模式相近的ofo，都是通过车辆的大量投放来进行补足；一旦某个区域投放不足，共享自行车的可靠性甚至不如取用点固定的公共自行车。考虑到一线城市庞大的城区面积，想做好这一点并不简单。数据显示，北京、上海居民对于自行车的依赖程度，依然不低。

根据北京市交通委发布的第五次综合交通调查结果显示，在5公里以内适宜步行和自行车短距离出行中，2014年，步行比例为58%，自行车出行比例为15%，小汽车和公共交通出行比例分别为12.%和11%，其中，自行车出行比例有不小的提高空间。一个城市的地铁与公交车系统再完善，也无法将"最后一公里"的问题完美解决，短距离出行极具优势的自行车，正好能弥补交通末端的缺陷。更为重要的是，除了提供触手可骑的便利共享单车服务，摩拜单车还希望通过大数据挖掘，通过研究骑行轨迹和各区域内的骑行密度，为政府在城市交通规划、步行道自行车车道系统规划，提供有价值的参考数据，并通过骑行解决城市3公里以内的出行，缓解交通拥堵。互联网在改变我们的生活，分享经济也在潜移默化地改变我们对财产的观念。分享经济基于共享精神的理念，这个东西不一定为你所有，甚至不需要你"时时占有"，相反放在统一平台，让更多人分享、使用，这样资产（运量、空间）才能被高频次使用，才会发挥这些财富的作用，从而在全社会范围内促进大家的福利。摩拜单车在身体力行地倡导更为智慧、绿色的出行方式，并构建文明、诚信、为他人着想的社会公德，这也是互联网的精神。

如今优步开始在美国投放"无人驾驶汽车"，向"自动驾驶"方向迈出了坚实的一步。"自动驾驶出租车"被认为是解决未来城市出行的终极解决方案，因为它能够更科学地根据大数据调度，按照实际的用车需求分配车辆，提供即时的出行服务，减少不必要的行驶，节省燃油、避免拥堵、减少事故、提高出行效率，不需要雇佣司机，进一步降低了出行成本。在未来，大多数人甚至会放弃购买私家车，网上叫车，踏出家门，车已候在门外。当然，自动驾驶要大规模普及仍然需要很长时间的技术摸索，中短期内不会对现实的拥堵问题有很大改变。不过，在城市智慧出行的整体推进过程中，摩拜单车只是一个小小的切入点，这里面不仅需要技术的力量、商业模式的创新，也需要城市中每个人的努力。

小 结

本研究在总结前人研究成果的基础上，重点研究了物联网的应用和发展状况从我国物联网的现状、应用、前景三个方面进行分析，根据分析结果提出我国发展物联网的策略建议。具体研究结论可以概括为以下几点：

一、使用 SWOT 分析方法对我国物联网发展现状进行宏观分析，分析得到我国发展物联网具备的优势包括：政府高度重视、用户需求庞大、经济实力雄厚、网络覆盖广、物联网研究起步早、产业链基础健全等优势；存在的劣势包括：整体规划缺乏、商业模式不清、关键技术落后、标准体系不完善、开放性不足；面对的外部机遇包括：全球金融危机、能源危机、环境恶化导致各国都急需找到新的经济增长点，国际社会对物联网的重视为我国物联网的发展创造了一个良好的氛围；面对的外部威胁是各国对物联网技术标准制定的竞争激烈。

二、目前我国物联网的应用领域可归纳为智能物流、智能交通、精细农业、智能家居、环境保护、智能电力、零售管理等十四项应用领域，通过总结他们各自领域中的共性功能，本文建立了基于应用功能和用户类型的物联网应用领域二维细分模型，将这十四项应用领域进行细分，最终得到物联网的重点应用领域类型，它们包括的应用领域及其特点分别是：

第一种类型：政府客户的数据采集和动态监测类应用。该类别的应用领域包括：智能交通、环境保护、智能电力、军事管理、城市管理、公共安全。该类领域的发展由政府需求推动，依托政府强大的资金支持和政策保障，该领域是物联网率先渗透的领域，其物联网发展水平处于领先地位，而且，数据采集和动态监测技术相对成熟，所以在未来一段时间，将继续呈快速发展势头。但是，由于该领域目标客户范围小，所以竞争将会十分激烈。综合考虑各种因素，这一领域是我国应该首要发展的物联网细分领域类型。

第二种类型：行业或企业客户的数据采集和动态监测类应用。该类别的应用领域包括：医疗保健、精细农业。这类应用领域的用户具有一定的资金实力和购买意愿，因为高科技是打造企业核心竞争力、使企业在激烈的市场竞争中立于不败之地的关键成功因素，很多大型企业愿意出巨资、针对资源企业情况研究物联有力的推动了物联网高端应用的开发。除此之外，一该类领域的目标客户范围大，且数据采集和动态监测技术已被广泛应用，所以比较容易发展。北京邮电大学硕士研究生学位论文物联网的应用与发展研究。

第三种类型：行业或企业客户的定位跟踪类应用。该类别的应用领域包括：智能物流、零售管理。一方面该类领域是物联网发展最早的领域，目前已经形成了比较完整的商业模式和技术解决方案，其成功模式在相同领域的众多企业中容易复制，能够快速获得经济效益。另一方面该类领域也是我们重点关注的领域。

第四种类型：行业或企业客户的智能控制类应用。该类别的应用领域包括：工业监管、智能建筑。该类领域涵盖面广，如工业监管又包含智能能源(石油、天然气、煤炭等)开发、制造业生产线控制等，这些应用领域行业特征过于明显，物联网应用不易直接进行规模复制，而且专业技术性强，开发难度高，如石油和煤炭的会采用不同的开发技术，所使用的物联网技术解决方案也应单独开发。所以，在未来一段时间内，物联网在该领域的发展会存在很多困难。

第五种类型：个人用户的智能控制类应用。该类别的应用领域包括：智能家居。这类领域的应用与人们生活息息相关，能够直接为我们的生活带来便利。在我国，面对十几亿人的需求，其市场潜力巨大，是一片蓝海，但目前来看，智能控制的技术难度大、成本高，人们支付意愿和能力有限，所以，如何在满足人们需求的前提下降低成本是该领域所要重点解决的问题。

三、通过建立灰色预测模型，对我国物联网市场规模进行预测，结果显示，我国物联网未来市场会一直保持25％以上的增长速度。由此推断，我国的物联网市场必将迎来高速发展的阶段，物联网是值得国家投资发展的产业。

四、物联网具有如此光明的前景，对我国经济社会的发展具有至关重要的作用。然而，我国目前却面临关键技术落后、标准体系不完善、整体规划欠缺等种种不足，所以我国应该针对这些问题，从以下几个方面进行改进：

(一) 政府加强战略和政策引导；

(二) 探索有效的商业模式；

(三) 加强技术开发；

(四) 积极参与国际标准制定等有关活动；

(五) 调动各方积极性，促进开放与合作；

(六) 重视人才一培养。

对于物联网应用领域的归纳总结，由于物联网的发展日新月异，所以随着物联网对各种领域的逐步渗透，该总结成果在未来或许并不全面，物联网应用领域的范畴需要不断的更新。对于本文物联网市场前景预测，由于我国物联网发展刚刚起步，对于前几年的市场规模没有详细的统计数据，所以本文搜集的是作为物联网核心技术的 RFID 市场规模数据并对其进行灰色预测，希望能够从侧面来反映我国物联网的市场规模。对于本论文研究最后提出的我国物联网发展策略建议，是基于整篇论文理论研究结果提出的，该建议是否能够真正推动我国物联网产业的发展，还有待日后实践的验证。对政府具体推动策略的研究，即根据物联网应用领域细分的结果，针对各细分领域的发展现状和特点，全面布局我国各细分领域的先后发展次序，在全面规划的基础上，进一步针对各细分领域内部提出具体的推动策略。对各细分领域市场前景预测的研究，即通过物联网应用领域细分模型找到其重点应用领域，针对每个细分领域进行未来市场规模预测，明确各细分市场成长空间，为政府制定具体的推动策略提供指导依据。

参考文献

[1] 朱达欣，蔡丹琳. 基于 RFID 的物流信息系统安全性研究 [J]. 泉州师范学院学报：2015（10）.

[2] 孟祥茹，张金刚.EPC 及物联网在我国推广应用的对策分析 [J]. 江苏商论，2016（24）.

[3] 刘海涛. 物联网"推高"第二次信息浪潮 [N]. 中国电报，2015（3）.

[4] 侯慧，岳中刚. 我国物联网产业未来发展路径探析 [J]. 现代管理科学，2010（23）.

[5] 朱英. 传感网与物联网的进展与趋势 [J]. 微型电脑应用，2014（26）.

[6] 魏凤. 我国物联网发展及建设的思考 [J]. 中国科技投资，2016（10）.

[7] 陈如明. 泛在 / 物联 / 传感网与其他信息通信网络关系分析思考 [J]. 移动通信，2015（8）.

[8] 朱畅华，裴昌幸，肖海云等. 分布式网络测量与分析基础设施（DNMAI）研究与实现 [J]. 北京邮电大学学报（增刊），2015（14）.

[9] 朱畅华，裴昌幸，李建东. 网络行为研究框架 [J]. 东南大学学报，2016（22）.

[10] 肖海云，裴昌幸，陈南等. 基于 ICMP 和 UDP 的互联网拓扑发现和可视化研究 [J]. 西安电子科技大学学报，2015（36）.

[11] 杨威武. 探索制造业信息化推进模式支撑现代制造服务业发展 [J]. 通信管理与技术，2016（8）.

[12] 张艳. 智能化、服务化拓展制造业信息化发展空间访 PLM 专家、信息系统与工程研究所莫欣农 [J]. 中国制造业信息化，2016（19）.

[13] 田锋. 中国制造业信息化走向精益研发 [J]. 中国制造业信息化，2016（42）.

[14] 陈小军，张璟．虚拟化技术及其在制造业信息化中的应用综述 [J]．计算机工程与应用，2015(27)．

[15] 赵群，张翔．经济全球化趋势下我国制造服务业的发展综述 [J]．机械制造，2016(21)．